无须拼接或缝合的

Baby Crochet & Knit

可爱宝贝服饰钩编

〔日〕河合真弓　著

蒋幼幼　译

无须拼接或缝合！从领口向下编织的毛衣非常简单，“编织结束，作品就完成了”。

从领窝起针开始编织，衣长和衣宽等尺寸的调整也极为方便。

河南科学技术出版社

·郑州·

Baby Crochet & Knit

序 言

在准备迎接新生命的喜悦中，

试着为他（她）编织饱含爱意的衣物吧！

本书中，无论是钩针还是棒针，

使用相同的花样可以编织出各种不同的作品。

从领窝开始编织，尽可能地避免拼接缝合以及边缘编织等，

我们希望打造的是“编织结束就大功告成”的作品。

等大家熟悉了花样，不妨挑战一下各种服饰的编织。

小小的手作将成为我们美好的回忆，请尽情享受其中的乐趣吧！

河合真弓

Yamato
（男宝，2个月，58cm）

Kotona
（女宝，2个月，56cm）

Gajumaru
（男宝，7个月，67cm）

Sakuno
（女宝，7个月，70cm）

目录

▶ 本书作品一览

Kei
（男宝，14个月，76cm）

Nene
（女宝，16个月，75cm）

Sosuke
（男宝，28个月，86cm）

Miyako
（女宝，28个月，83cm）

本书作品一览

婴儿裙、婴儿帽、连指手套和婴儿鞋套装是新生宝宝的特权！但是，诸如斗篷、背心和包被等编织物，宝宝长大一点后还可以使用很久。选择耐看的基础色，为宝贝编织一件饱含爱意的衣物吧！

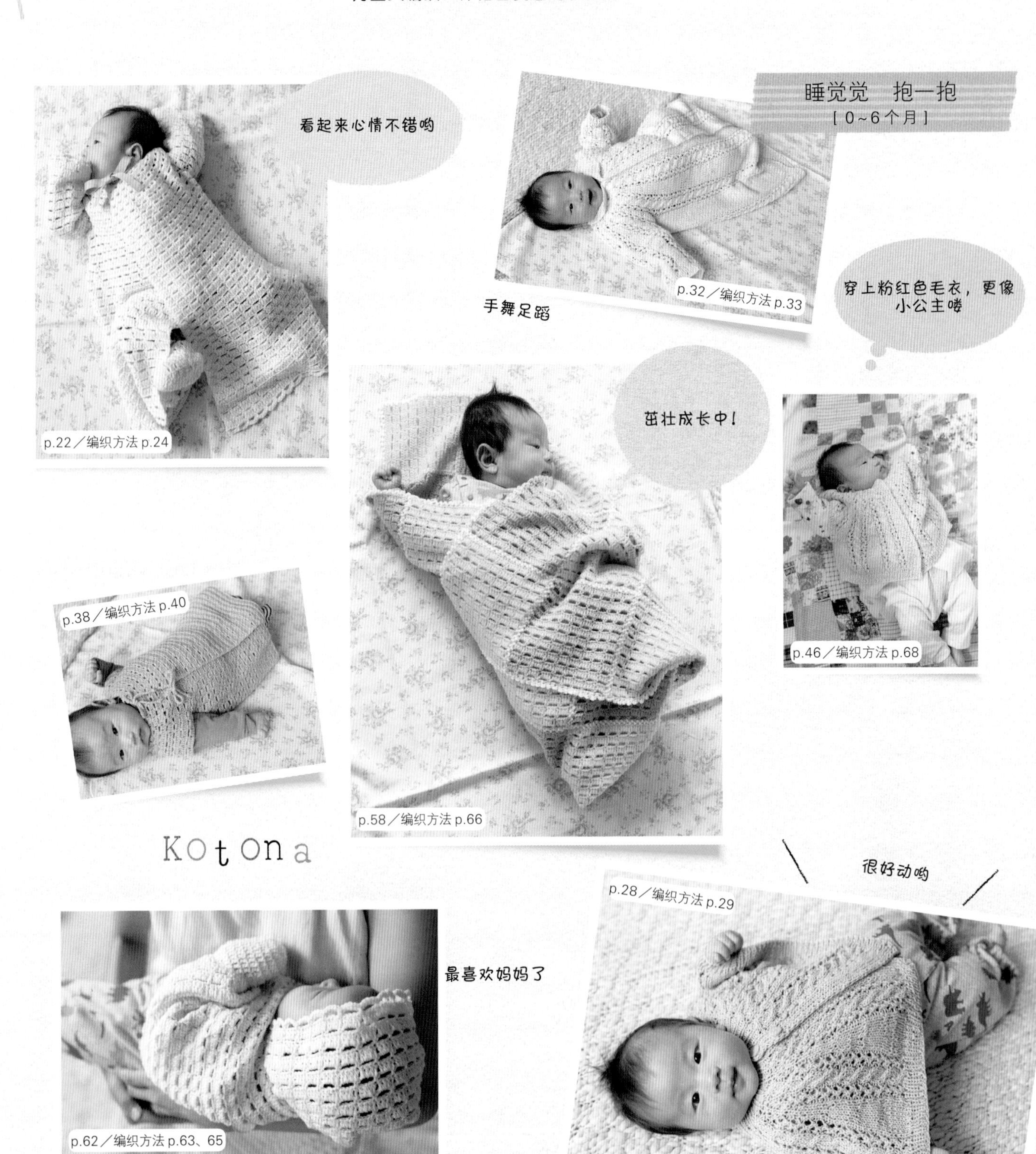

p.22／编织方法 p.24

p.32／编织方法 p.33

p.38／编织方法 p.40

p.58／编织方法 p.66

p.46／编织方法 p.68

p.28／编织方法 p.29

p.62／编织方法 p.63、65

Gajumaru

p.47／编织方法 p.48

p.18／编织方法 p.19

我可不是晴天娃娃哟

我们的鞋子是同款哟

p.60／编织方法 p.61

p.46／编织方法 p.68

背影也是如此可爱

Sakuno

p.50／编织方法 p.52

p.60／编织方法 p.61

真帅气

p.50／编织方法 p.70

本书作品一览

专门为特别的日子外出时准备的针织衣物固然不错，但是宝宝一眨眼就长大了，所以希望每天都能穿得漂漂亮亮的！既容易编织又方便穿着的斗篷、背心、开衫、帽子……这些充满浓浓爱意和回忆的手编衣物是宝宝和妈妈的珍宝。

从站立到蹒跚学步
[12~18个月]

不可以再乱扔哟
p.56／编织方法 p.71

背心很凉快吧
p.39／编织方法 p.40

Kei

出门要戴帽子哟

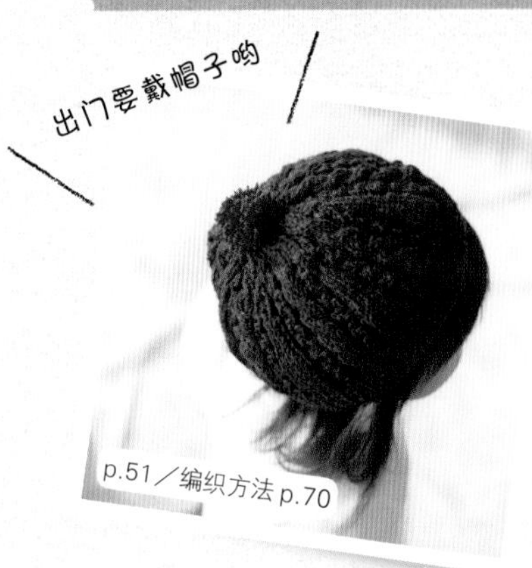
p.51／编织方法 p.70

p.50／编织方法 p.52

p.47／编织方法 p.48

短一些的袖子方便活动

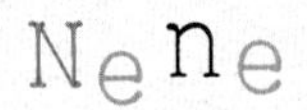

每天都充满期待

p.28／编织方法 p.29

不是扎头巾哟

p.56／编织方法 p.57

一起在这里玩吧
p.58／编织方法 p.66

p.51／编织方法 p.52

p.43／编织方法 p.44

p.56／编织方法 p.71

Sosuke

婴儿裙变成
长外套了

p.23／编织方法 p.24、57

和SOSUKE的开衫同款
不同色哟

p.18／编织方法 p.19

这件斗篷可以穿很久呢

Miyako

p.42／编织方法 p.44

开始编织前

● 材料和工具

确定想要编织的作品后，首先就要准备编织所需的材料和工具。挑选使用方便的工具和满意的线材也是乐趣之一。

钩针〈实物大小〉

4/0号

5/0号

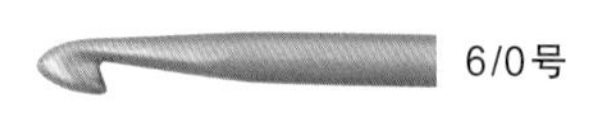

6/0号

7/0号

针头呈钩子形状，通过挂线、拉出等动作编织出针目。只有一端有钩子的叫作“单头钩针”，两端都有钩子且针号不同的叫作“双头钩针”。此外，钩针有金属、塑料、竹子等各种材质的，种类丰富，选择用起来顺手的即可。

钩针的粗细是指针轴的粗细，标记为4/0号、5/0号……数字越大，针越粗。

棒针〈实物大小〉

4号

5号

棒针有好几种。其中，单头棒针的一端带有一个小圆球；双头棒针的两端都是尖尖的，无论哪一头都可以编织；还有用绳连接两根短棒针的环形针等。可以根据要编织的作品以及编织的部位选择合适的棒针，非常方便。

棒针的粗细是指针轴的粗细。数字越大，针越粗。

棒针的种类

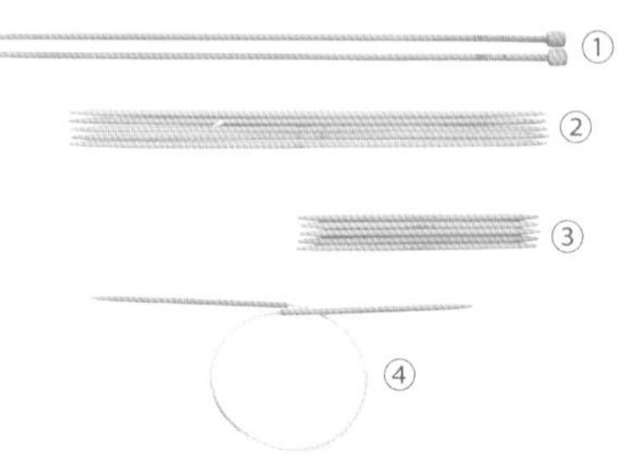

①带堵头的2根针

一端的小圆球可以防止针目从棒针上脱落。可用于往返编织斗篷和前开襟的身片等。

②4根(5根)针

无论哪一头都可以编织，插上针帽也可以防止针目脱落。不仅可以编织上衣，还可以用来编织裙子和帽子等。

③迷你5根针

最适合编织小物，比如婴儿裙和开衫的袖子，以及婴儿的小物件等。

④环形针

与4根(5根)针一样，既可以环形编织，也可以往返编织。使用时，根据用途选择长度适中的环形针。

必备工具

剪刀

推荐使用尖细、锋利的手工用剪刀。

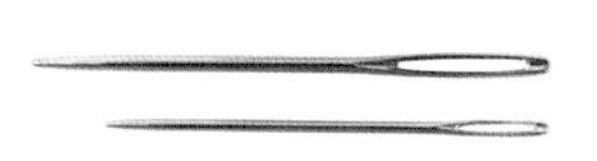

缝针

用于编织结束时的线头处理、纽扣的缝制等。使用时，根据用途选择粗细适中的缝针。

方便的小工具

针数环

穿在棒针上，用于标记育克部分的分割、环形编织时行与行的交界，以及编织花样的位置等。

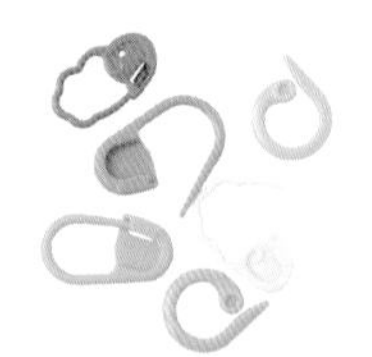

行数记号扣

用于标记行数。环状记号扣无论是挂在针目上还是解下来都非常方便，安全别针形的记号扣则不容易从针目上脱落。

棒针帽

插在棒针的端头，可以防止针目脱落。

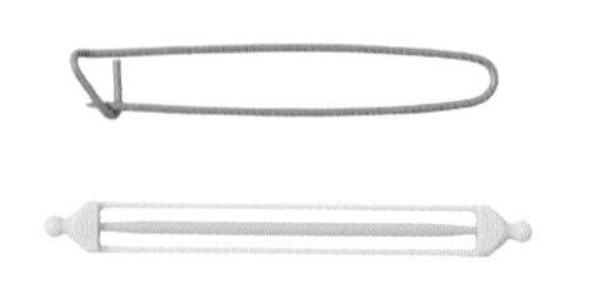

防脱别针

棒针编织中休针时，会将针目从棒针上移出来。用到的小工具既有毛衣安全别针，也有可以直接编织的、两端都能打开的别针等。

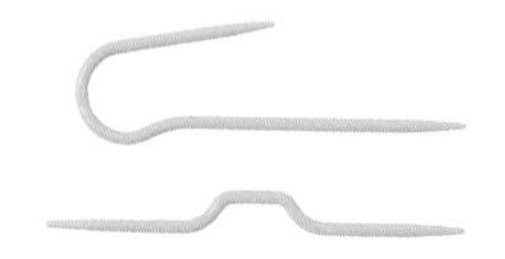

麻花针

用于棒针的交叉针编织时。

● 使用线材〈实物大小〉

为了使初学者也能很容易地编织并完成漂亮的作品，本书主要使用中细至粗的毛线（适用4/0号钩针、5号棒针）。因为都是实用性很强的基础款直毛线，请根据不同季节选择棉线或羊毛线等自己喜欢的线材进行编织。

	线名	成分	规格/线长	针号（钩针、棒针）
1	DARUMA Super Wash Merino	羊毛（超细美利奴，防缩加工）100%	50g/团、145m	3/0~4/0号，2~3号
2	Puppy NEW 4PLY	羊毛100%（防缩加工）	40g/团、150m	2/0~4/0号，2~4号
3	Puppy PIMA BASIC	棉100%	40g/团、135m	5/0~6/0号，3~5号
4	和麻纳卡 Paume <矿物染>	棉（纯有机棉）100%	25g/团、70m	5/0号，5~6号
5	DARUMA Shetland Wool	羊毛（设得兰羊毛）100%	50g/团、136m	6/0~7/0号，5~7号
6	DARUMA Airy Wool Alpaca	羊毛（美利奴）80%、羊驼绒（高级幼羊驼绒）20%	30g/团、100m	6/0~7/0号，5~7号

清洗和护理方法

浸洗（约5分钟）

在30℃以下的温水中放入中性洗涤剂溶解后，将织物折叠好浸入水中，轻轻地按洗。

2

清洗（1分钟 ×2次）

换成新的温水用相同的按洗方法清洗2次。使用柔顺剂时需要静置3分钟左右。

3

脱水

用较大的浴巾包住织物吸掉水分后，直接放入洗衣机，脱水30秒左右。

4

晾干

将织物摊平并整理好形状后放在室内或者阴凉处晾干。与织物定型时一样，用蒸汽熨斗整烫。

编织基础知识

● 挂线方法和钩针的拿法

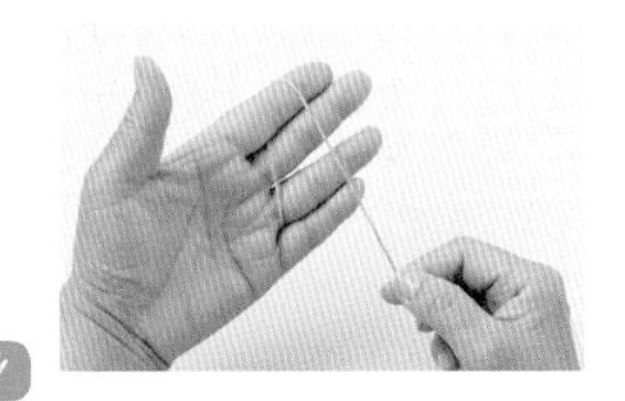

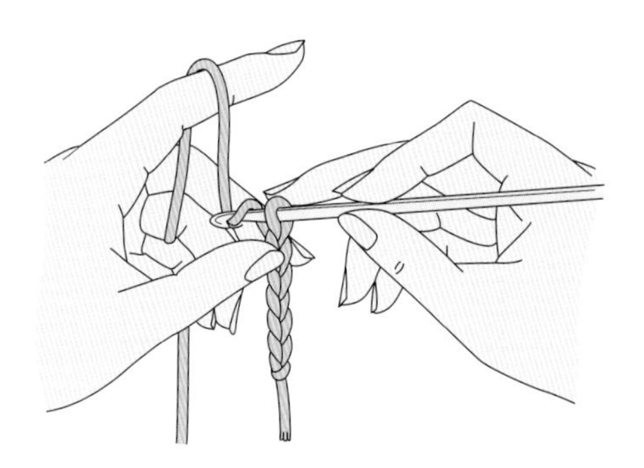

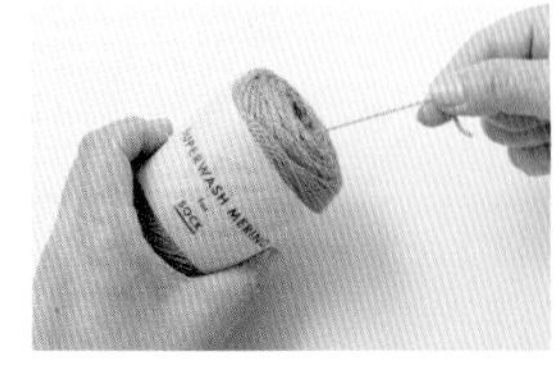

※从线团的中心抽出线头后开始编织

左手

从手背向手掌将线夹在小指和无名指中间，然后将线挂在食指上，用拇指和中指捏住线头。抬起食指将线拉直，保持针头挂线时松紧适中。

右手

拿好钩针，使针头的钩子朝下。用拇指和食指轻轻地握住针柄，然后放上中指。钩织时，适当地活动中指，时而压住挂线，时而抵住织物，或者协助转动钩针等。

● 钩锁针（起针）

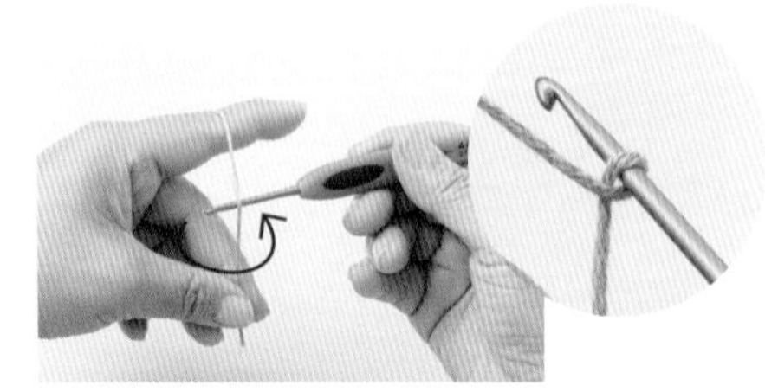

1　预留10cm长的线头，将钩针放在线的后面，如箭头所示转动针头制作线环。

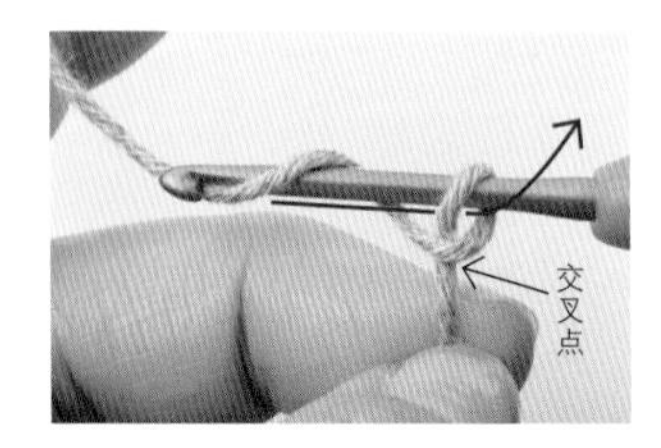

2　捏住线环的交叉点，挂线后将线从线环中拉出。

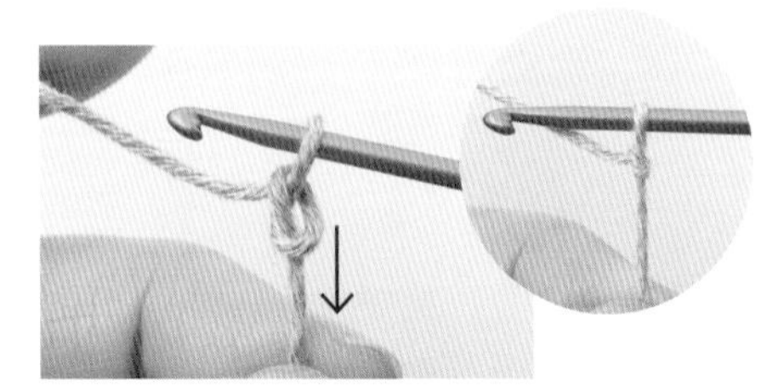

3　拉动线头收紧线环。这是最初的针目，不计入针数。

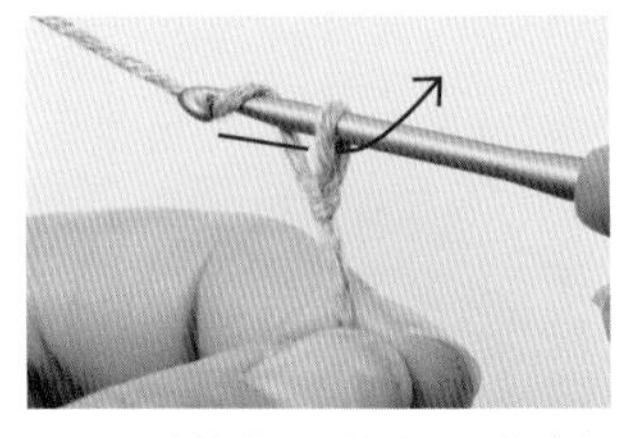

4　钩针挂线，如箭头所示将线拉出。

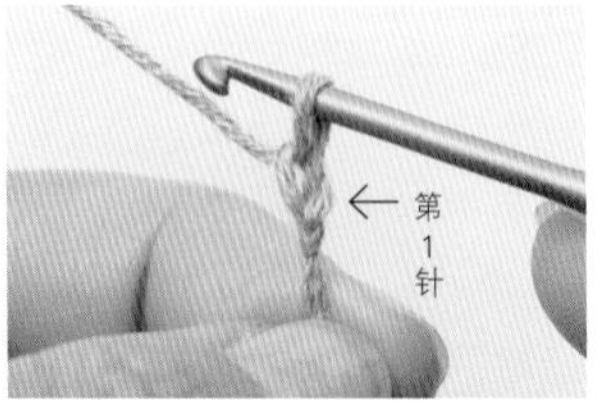

5　1针锁针完成。完成的针目位于针上所挂线圈的下方。

6　重复步骤4，钩织至所需针数。用左手的拇指和中指捏住针目的根部继续钩织。

● 锁针的起针针目和挑针方法

就是从起针的锁针上挑取针目的方法。

锁针有正面和反面之分

正面　针目呈连续的锁链状

反面　一节一节凸起的线就是“锁针的里山”

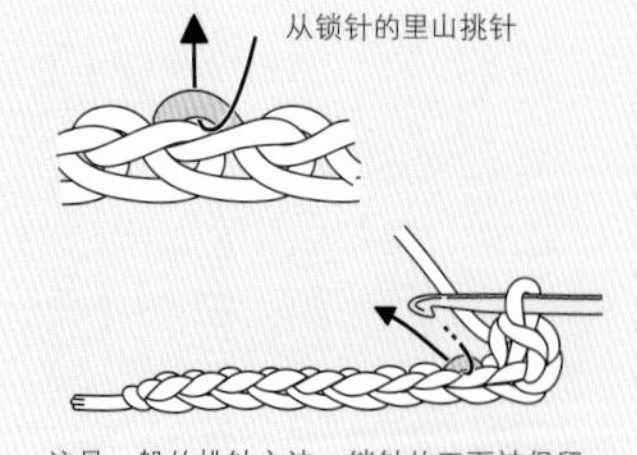

这是一般的挑针方法。锁针的正面被保留下来，成品会很漂亮。最后无须钩织边缘的情况可以使用这种挑针方法。

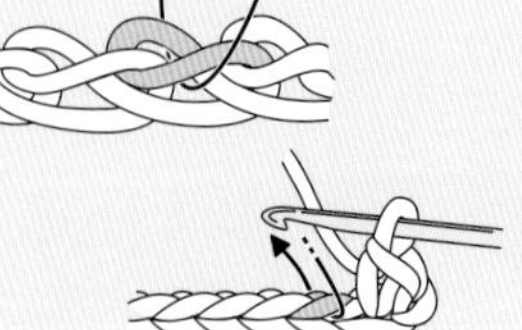

从锁针的2根线里挑针，所以针目更加稳定。钩织镂空花样或者用细线钩织时可以使用这种挑针方法。

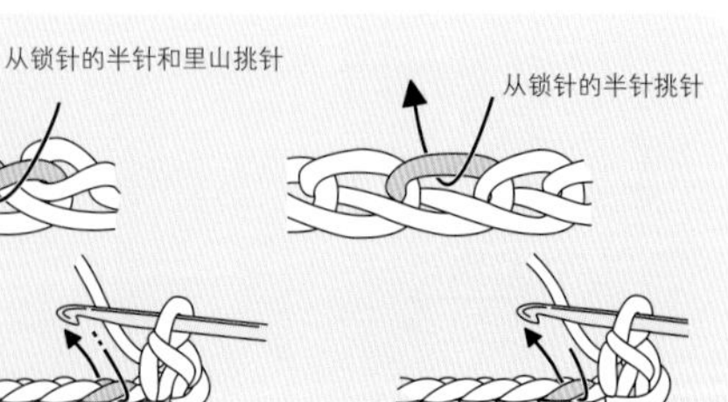

针目容易拉长变形，如果希望起针更有伸缩性，或者要从起针针目的两侧挑针时可以使用这种挑针方法。

怎样看符号图

在图解中，织物是用针法符号组成的“符号图”表示的，符号图表示的是从正面看到的织物状态。符号的编织方法基本上正反面都是相同的。当一行开头立织的锁针在右侧时，表示该行是从正面编织的；当立织的锁针在左侧时，表示该行是从反面编织的。编织时，请注意符号图中箭头的方向。

往返编织

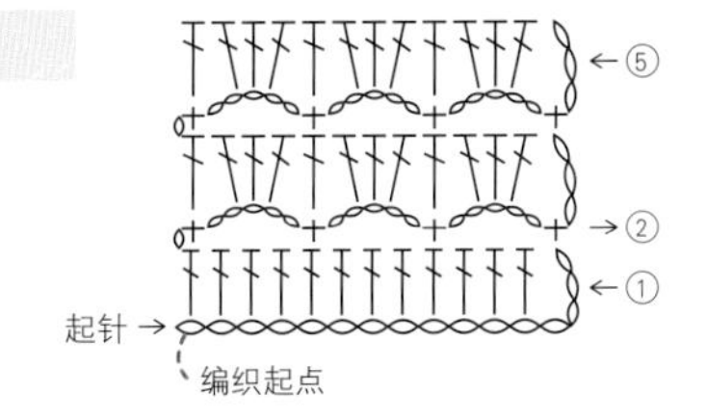

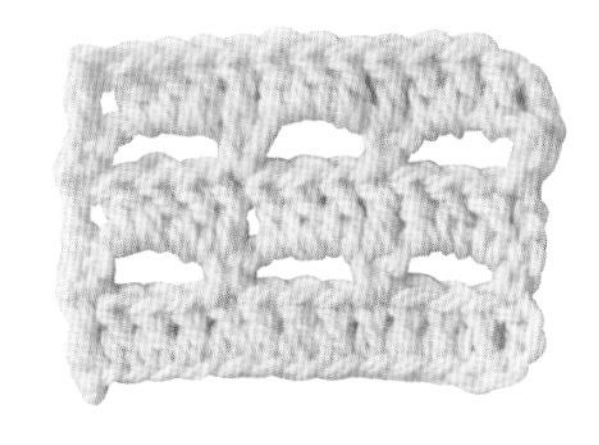

实际编织时，总是从右往左编织，所以往返编织时就会交替看着织物的正面或反面编织。从正面看织物，针目每隔一行呈正面状态，织物反面的情况刚好相反。这个符号图中，长针针目是正面的一侧就是织物的正面。

环形编织（圆形）

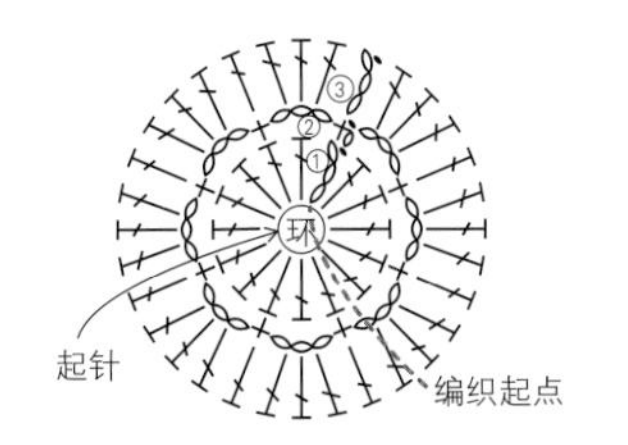

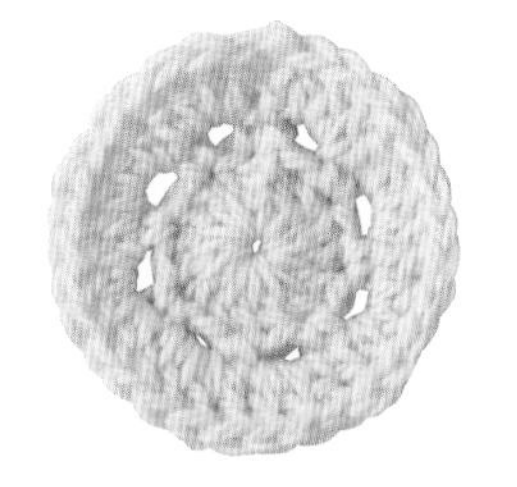

在织物的中心位置用线头环形起针，再从中心向外侧一边加针一边继续编织。因为每行的编织起点和编织终点首尾相接，所以总是看着正面编织。编织帽子的顶部、婴儿鞋和连指手套的起始部分时，就是这样的符号图。

环形编织（筒状）

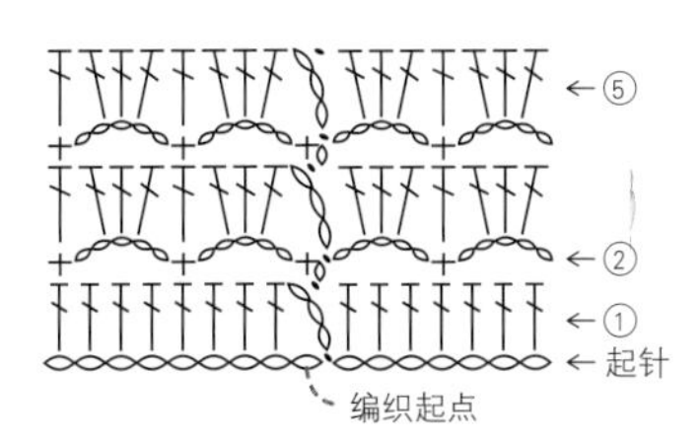

将锁针起针的编织起点和编织终点连接成环形，然后一圈一圈地环形编织。与圆形织物相同，总是看着正面编织。编织衣服的袖子和发带时，就是这样的符号图。

符号的名称

即针目各部分的名称。因为经常出现，先来记住它们吧！

符号图 = 织物

立织的锁针
起针
作为基础的针目
立织锁针时的基础针

针目的根部
针目的头部
立织的锁针
起针
立织锁针时的基础针

符号图 = 织物

立织的锁针
引拔
环
用线头环形起针

立织的锁针
引拔后的针目
针目的头部
针目的根部
用线头环形起针

针目的高度和立针

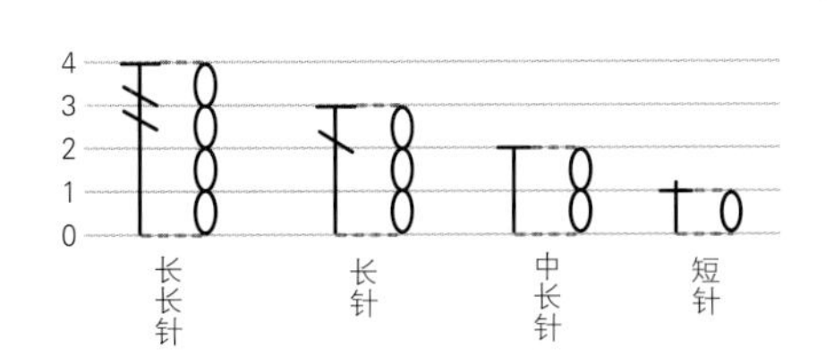

在一行的编织起点，要钩若干针数的锁针，使其与针目的高度（长度）一致。这就叫“立针”，代替该行第1针的针目。除短针以外，立织的锁针计为1针。

● 参照符号图编织样片

婴儿裙、斗篷、背心、开衫、包被等，右侧的符号图是本书钩针作品中通用的**基础花样**。首先编织样片，测量密度。为了事先确认成品尺寸，密度是必不可少的。通过编织样片，不仅可以掌握编织方法，还能作为练习，最后完成的作品才会更加漂亮。

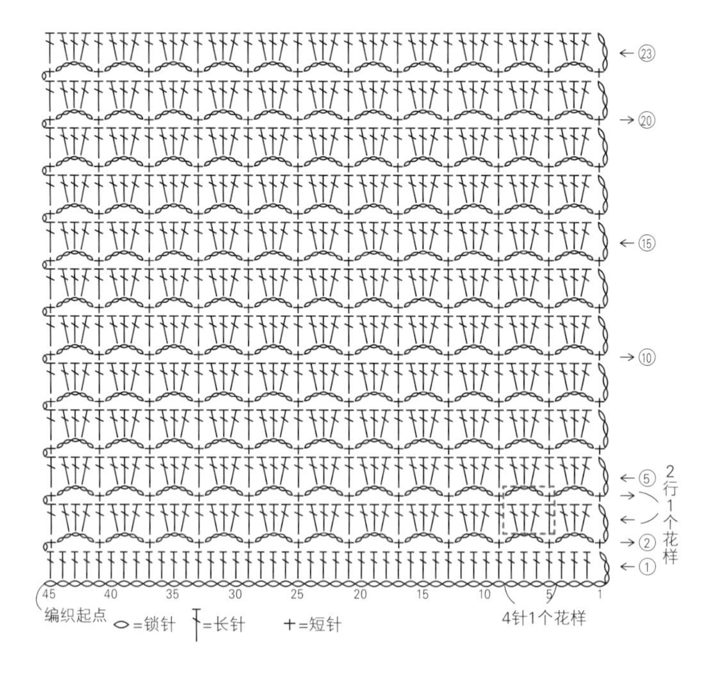

符号图的看法

行

符号图右端标注的带圈数字表示行数，箭头表示编织方向。符号图中红色虚线围起来的"2行1个花样"表示编织花样以2行为一组重复。

针

符号图中红色虚线围起来的"4针1个花样"表示编织花样以4针为一组重复。4针×11个花样，再加边上的1针，一共要起45针。

材料和工具

用线　作品的编织用线（DARUMA Super Wash Merino）

用针　适用于线材的钩针（4/0号）

其他　熨斗、直尺

● 第1行

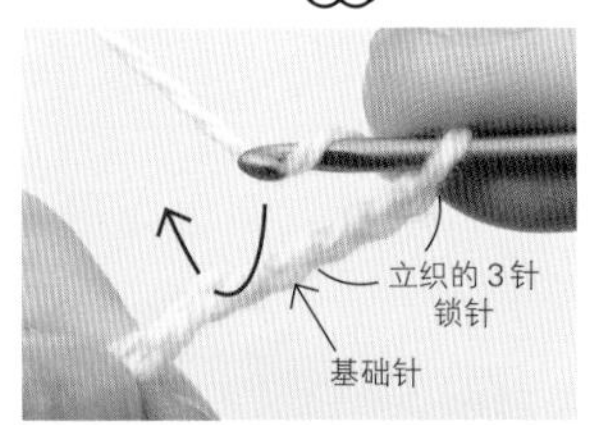

1 立织3针锁针，然后在针头挂线，在锁针的里山插入钩针。

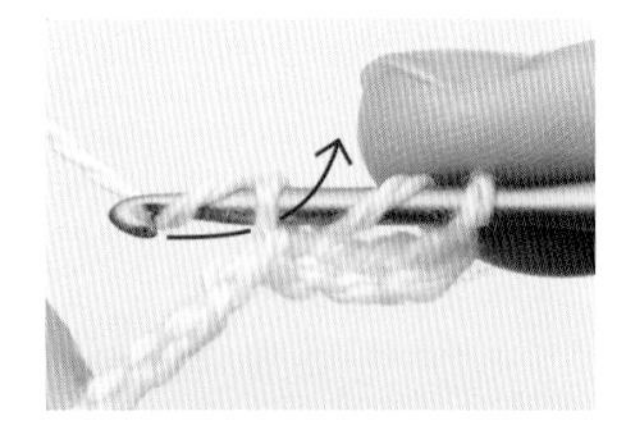

2 钩针挂线，将线拉出至2针锁针的高度。

3 重复2次"在针头挂线，引拔穿过针上的2个线圈"。

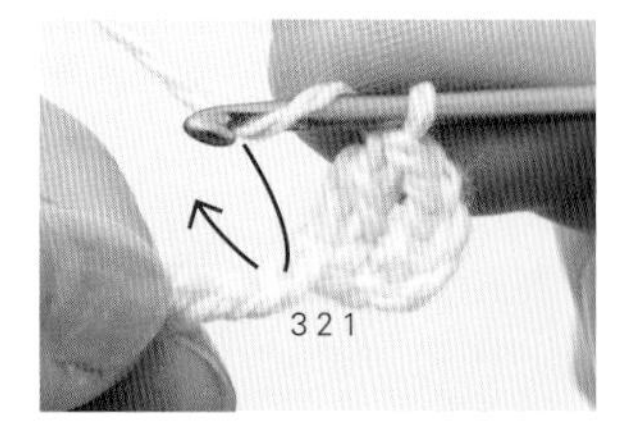

4 1针长针完成。钩针挂线，重复步骤**1~3**继续钩至末端。

● 第2行

← 从反面钩织

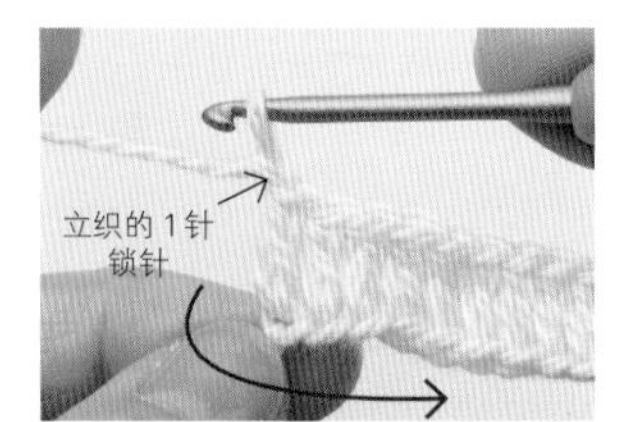

5 立织1针锁针，然后如箭头所示翻转织物。此时，不要转动钩针。

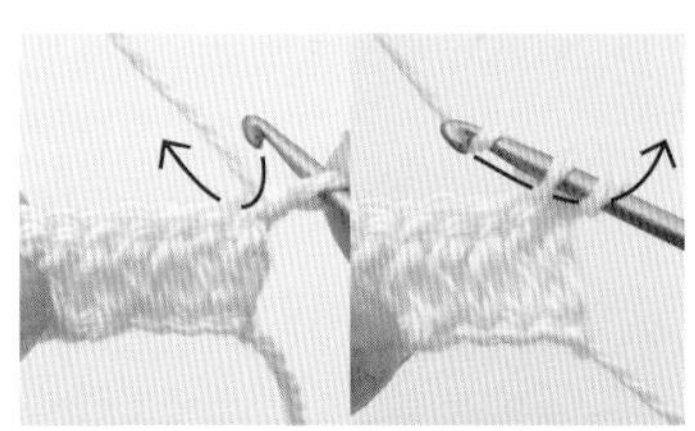

6 在第1行最后1针长针的头部插入钩针，将线拉出，在针头挂线后引拔穿过针上的2个线圈。

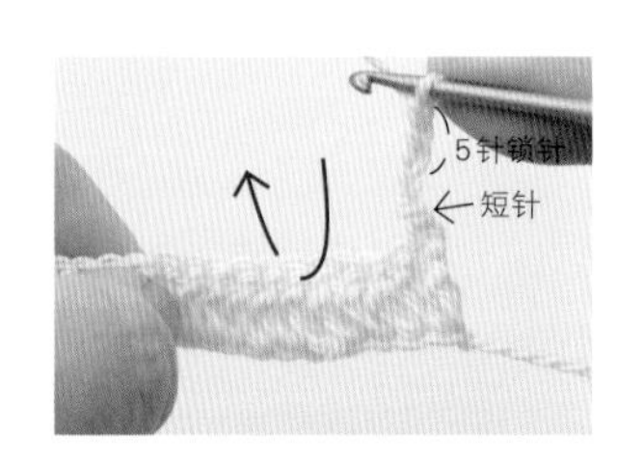

7 1针短针完成。接着钩5针锁针，跳过3个针目，在第4针里插入钩针。

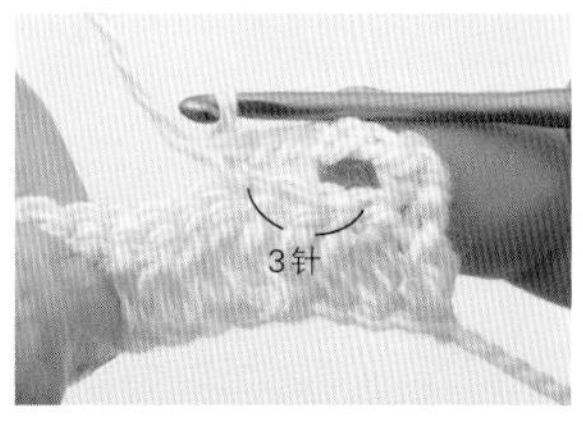

8 钩1针短针。短针和锁针的组合叫作"网眼针"。

● 第3行

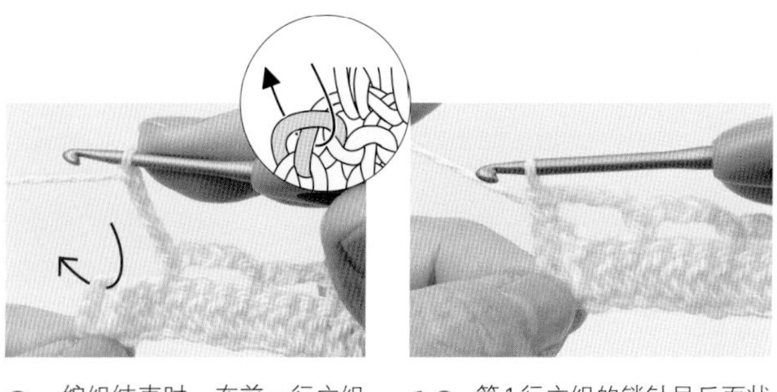

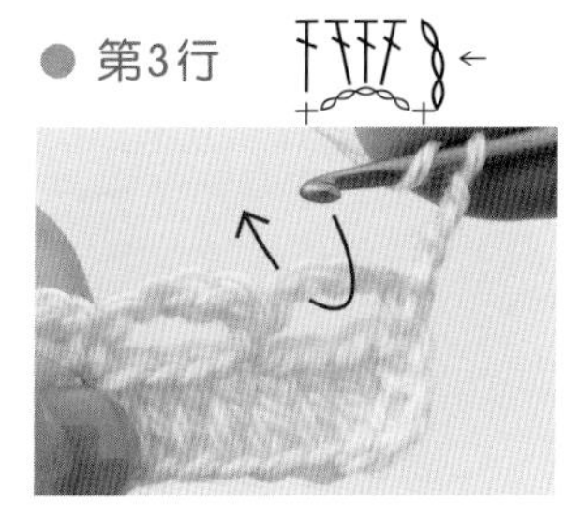

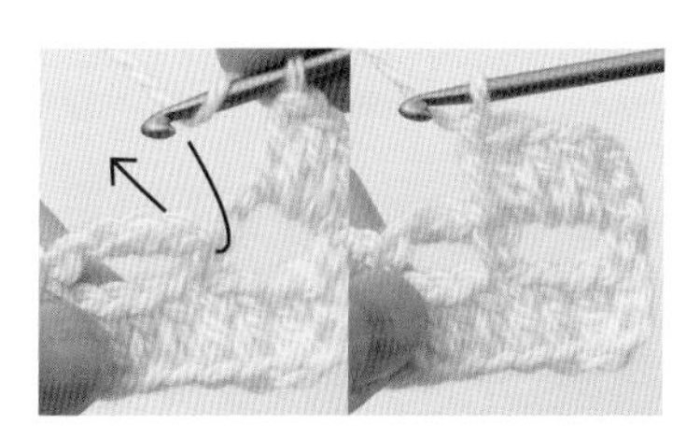

9 编织结束时，在前一行立织的锁针（反面朝前）的第3针挑取里山和外侧半针这2根线钩织。

10 第1行立织的锁针呈反面状态。第2行完成。

11 钩立织的锁针，然后翻转织物。在前一行网眼针的空隙里插入钩针，钩3针长针。

12 将前一行的锁针整个包在里面挑针叫作“整段挑针”。下一个针目在前一行短针的头部插入钩针钩织。

● 第4行

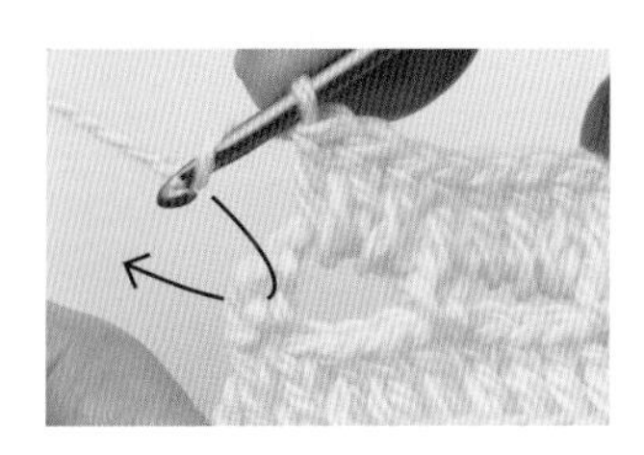

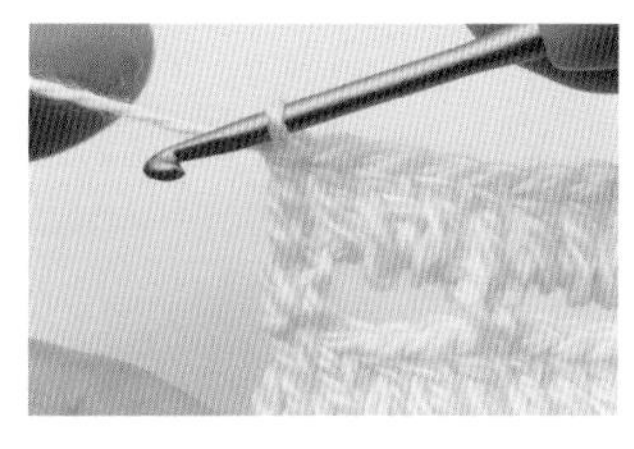

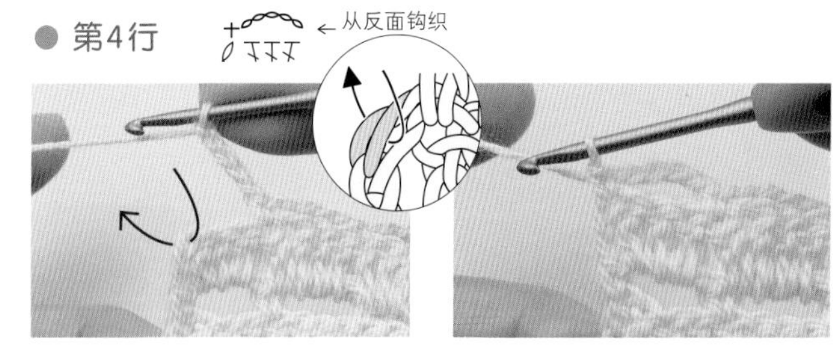

13 第3行结束时，在前一行短针的头部插入钩针钩织。

14 注意不要在钩短针时立织的锁针里挑针。第3行完成。

15 按第2行相同要领钩织。编织结束时，在前一行立织的锁针（正面朝前）挑取外侧半针和里山这2根线钩织。

16 第4行完成。从第3行开始，充当长针的立织的3针锁针均为正面朝前。重复第3、4行继续钩织。

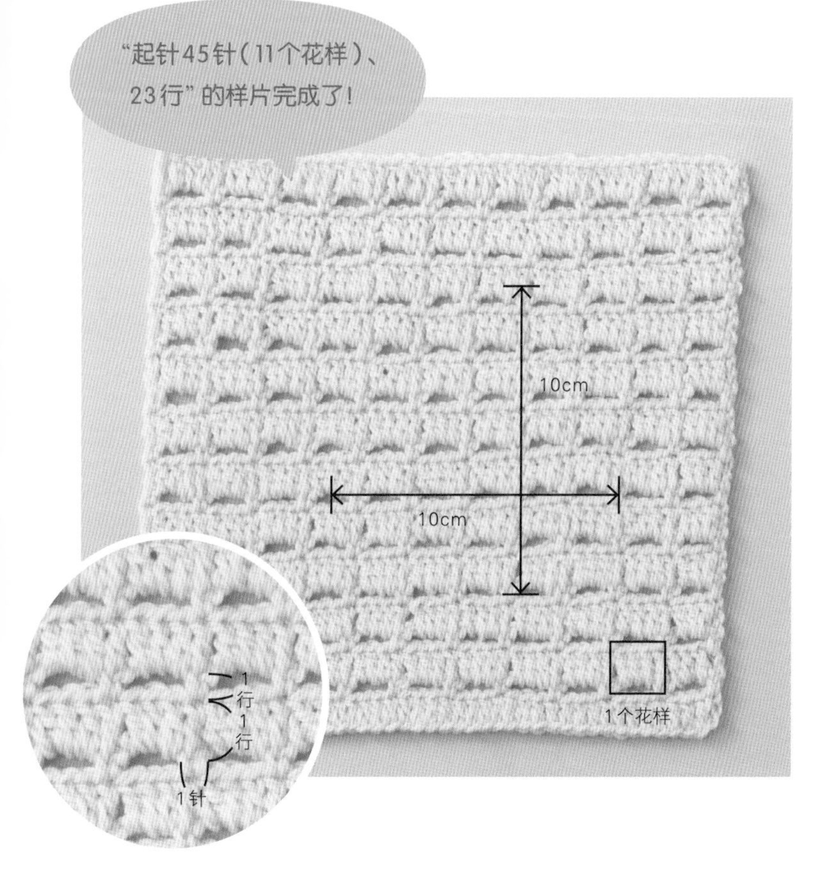

● 关于密度

密度表示针目的大小，以此为标准计算编织某个尺寸所需要的针数和行数。

密度的测量

编织作品前，先编织一块大约边长15cm的样片。用蒸汽熨斗悬空轻轻熨烫，整理针目。在针目比较规整的中心部分数出边长10cm面积内的针数和行数。

密度的调整

与本书作品的密度相比，样片的针数和行数……

更多时　针目较紧密，织物会变小→编织得松一点，或者换粗一点的钩针进行调整。

更少时　针目较稀松，织物会变大→编织得紧一点，或者换细一点的钩针进行调整。

调整密度

通过改变钩针的粗细来调整针目的大小就是“调整密度”。即使针数相同，如果针号不同，织物的大小就会发生变化。用这种方法就可以非常简单地放大斗篷和婴儿裙的下摆。

编织基础知识

挂线方法和棒针的拿法

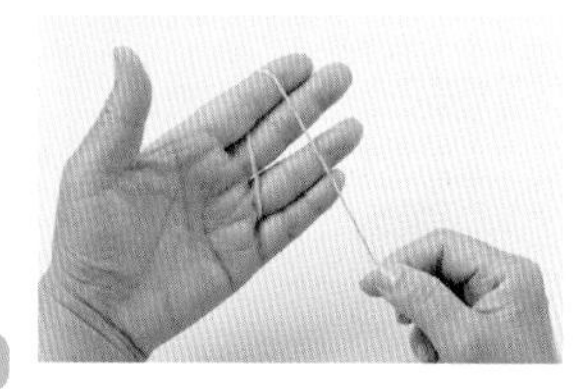

左手

从手背向手掌将线夹在小指和无名指中间，然后将线挂在食指上。抬起食指将线拉直，保持针头挂线时松紧适中。

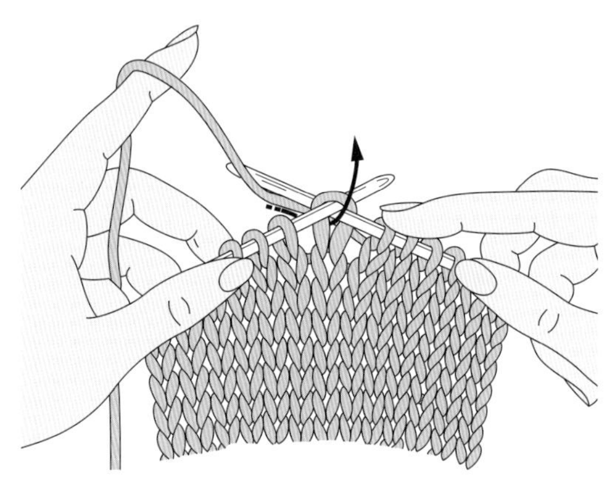

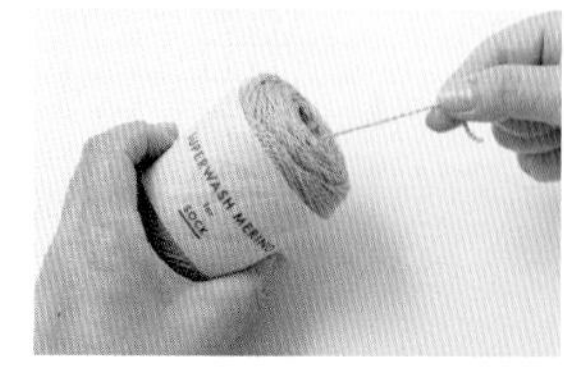

※从线团的中心抽出线头后开始编织

右手

棒针编织基本上是转动右棒针的针头完成挂线、将线拉出等动作。用右手轻轻握住棒针和织物。编织时，适当地活动食指，压住针上的针目或者协助转动棒针等。

手指挂线起针

1 预留线头，长度为编织宽度的3倍左右。从线环中将线拉出，插入2根棒针。

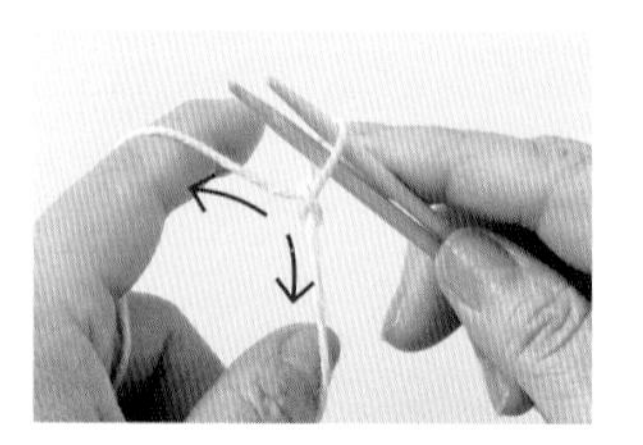

2 用右手的食指按住线圈，拉紧线头。

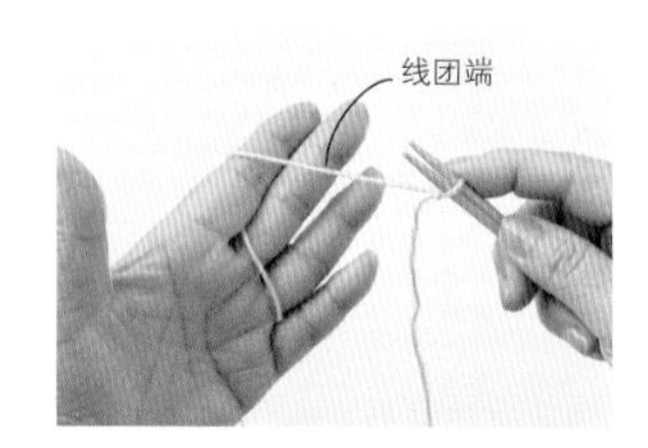

3 挂在针上的线圈就是第1针。将线团端的线挂在食指上。

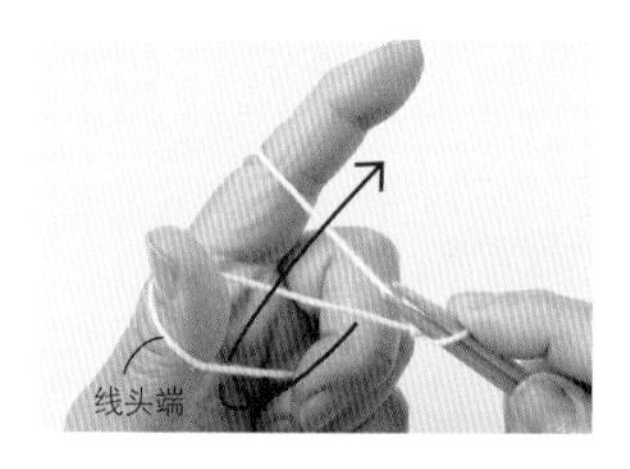

4 将线头端的线挂在拇指上，如箭头所示挑起拇指上的线。

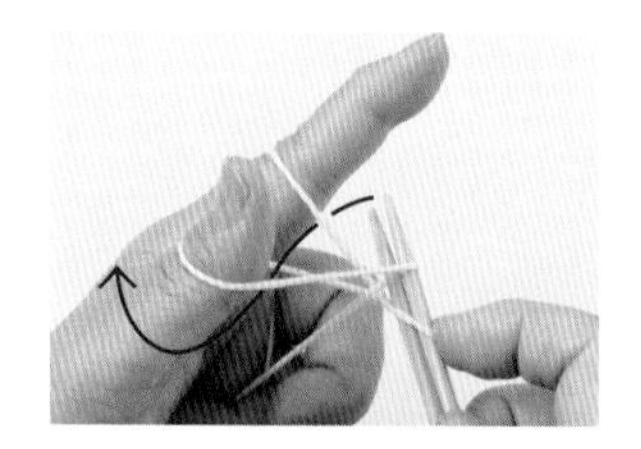

5 转动棒针，挑起食指上的线，然后从拇指上的挂线之间穿过。

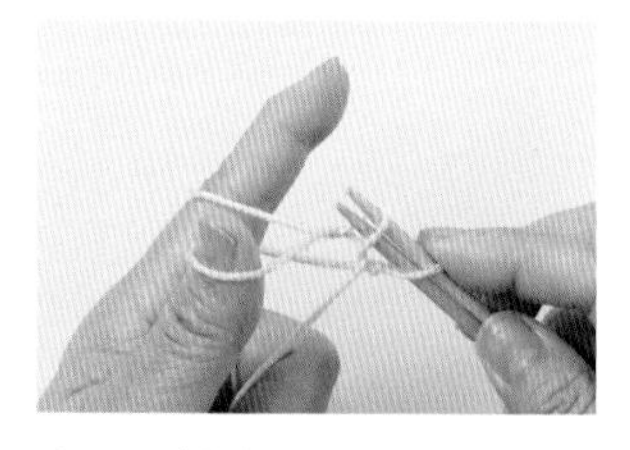

6 退出拇指。

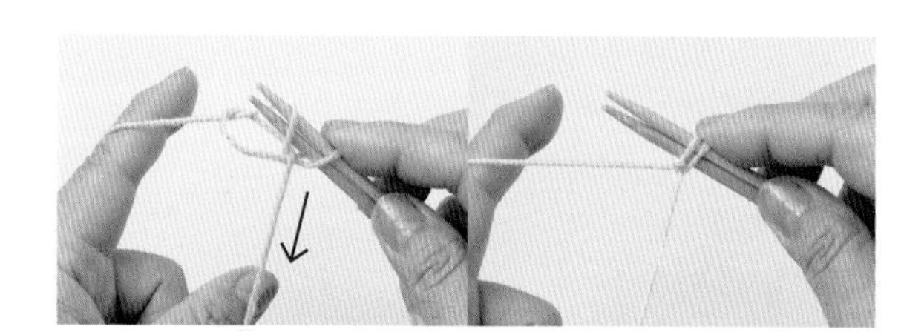

7 用拇指拉紧线头。第2针完成。

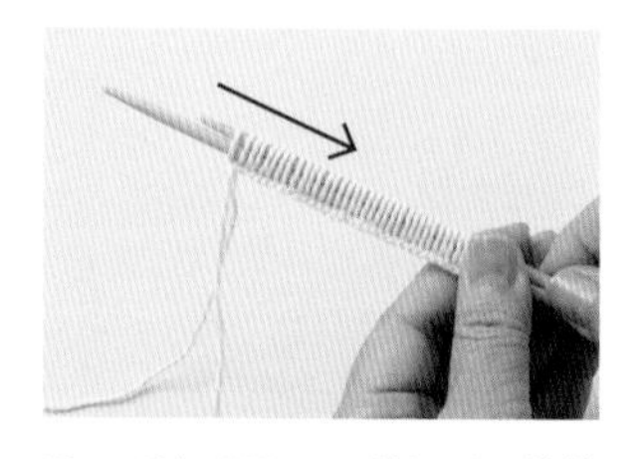

8 重复步骤4~7编织所需针数后，抽出1根棒针。

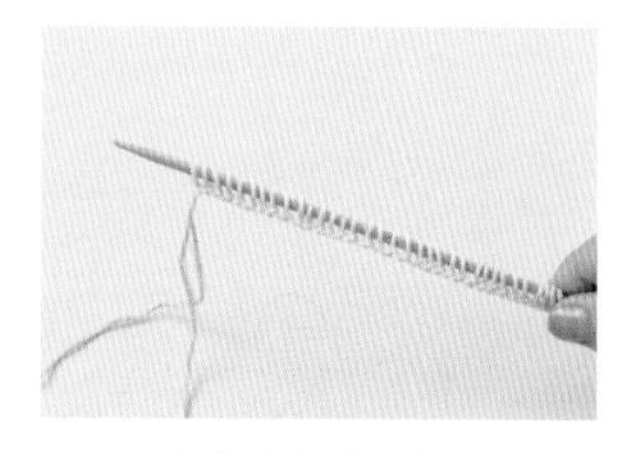

9 手指挂线起针完成。针上起好的针目就是第1行。

● 怎样看符号图

下面是全部下针的符号图和对应的织物。从正面编织的行（奇数行）织下针，从反面编织的行（偶数行）织上针，每隔一行交替编织。

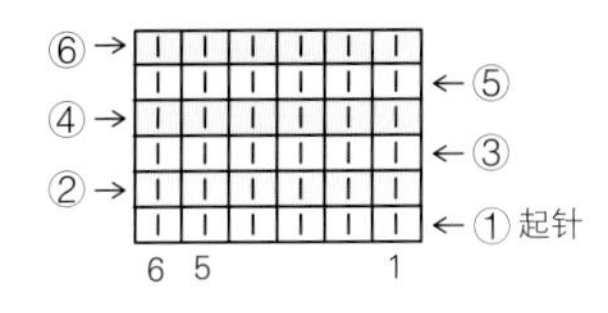

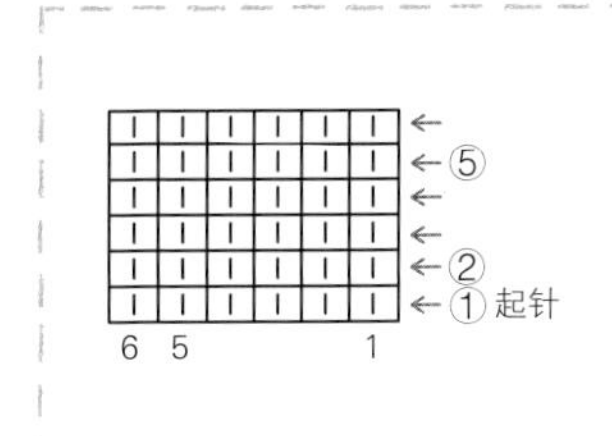

环形（筒状）编织时

将编织起点和编织终点连接成环形后，看着正面一圈一圈环形编织。身片的袖子、无袖连衣裙的裙片、帽子等，环形编织时就是这样的符号图。

→第2行（偶数行） ［－］ 织上针

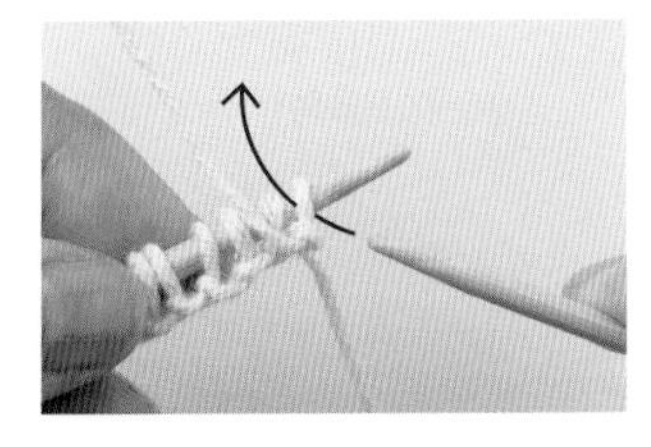

1 翻转织物，将线放在前面，如箭头所示插入棒针。

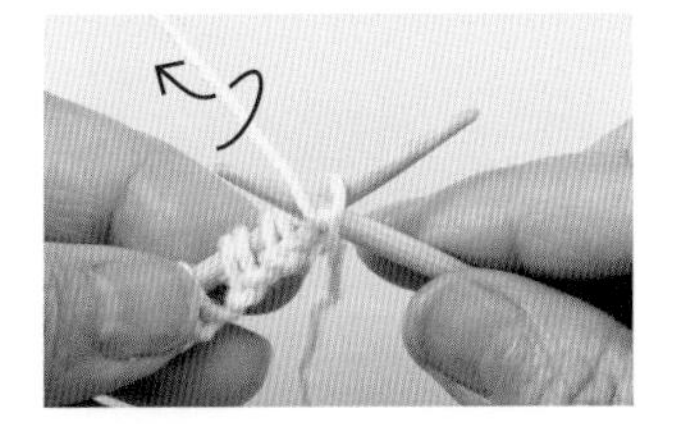

2 挂线。

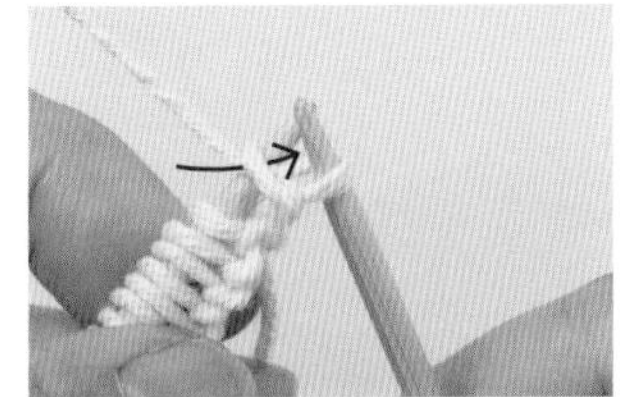

3 将所挂的线拉出。

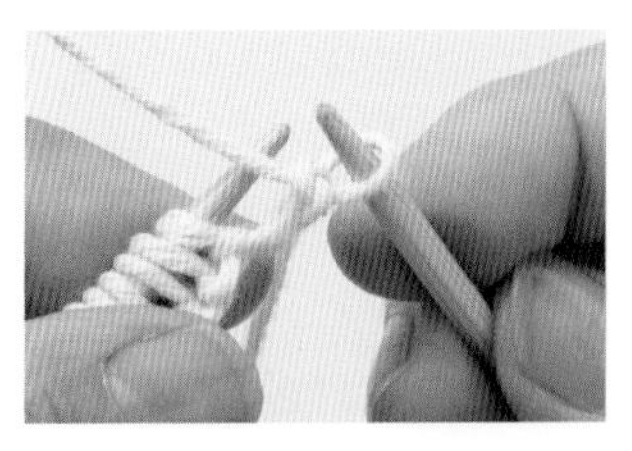

4 退出左棒针。1针上针完成。

→第3行（奇数行） ［｜］ 织下针

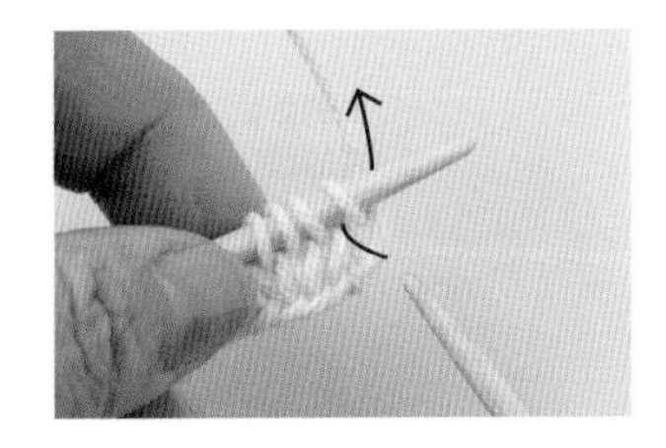

5 翻转织物，将线放在后面，如箭头所示插入棒针。

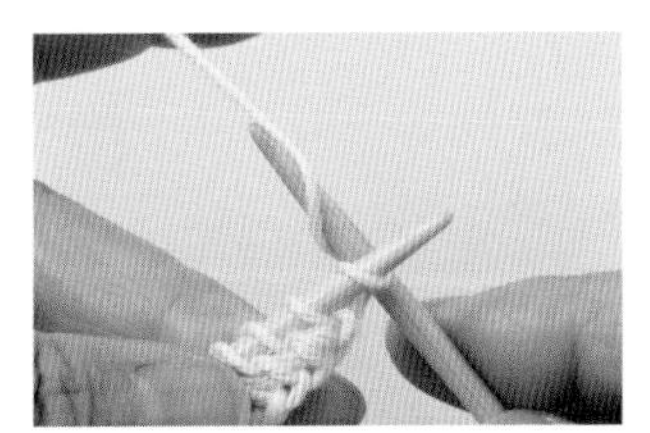

6 挂线。

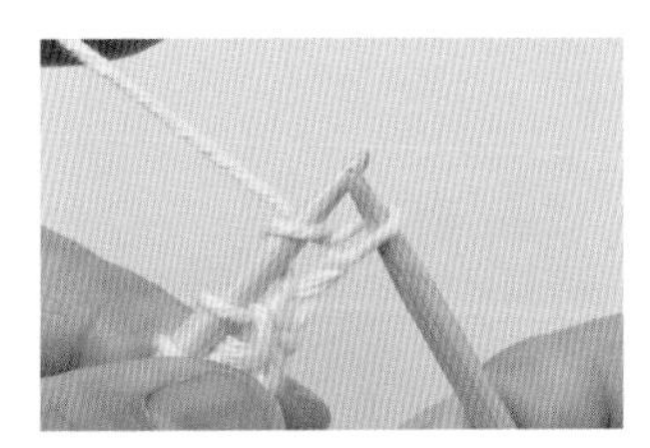

7 将所挂的线拉出。

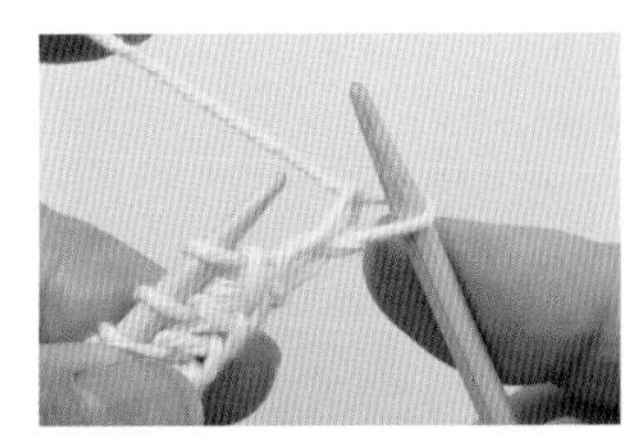

8 退出左棒针。1针下针完成。

● 针目的形状和名称

接下来让我们确认一下1针、1行的下针和上针针目的形状。下图是正确编织时针目的状态（线圈的右半部分挂在棒针的前面）。如果所织的针目状态与此不一致，继续编织针目就会发生扭转。

下针（下针编织）

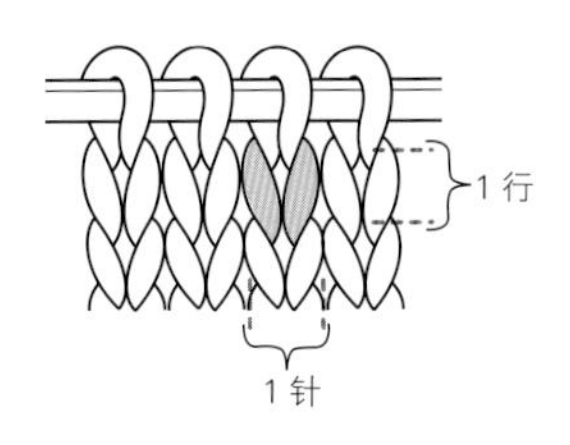

上针（上针编织）

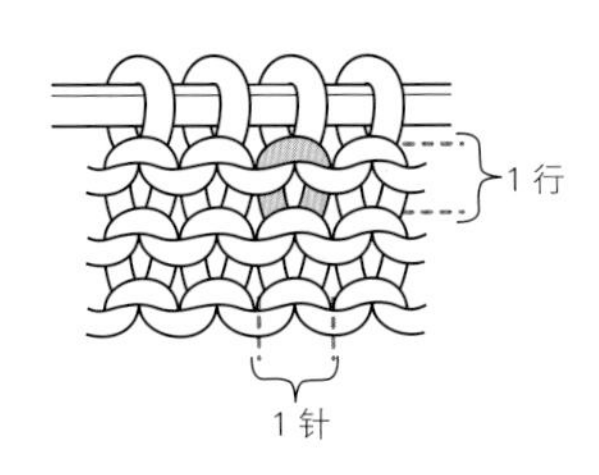

1针、1行的针目横着数就是针数，竖着数就是行数。挂在棒针上的针目也计为1行。

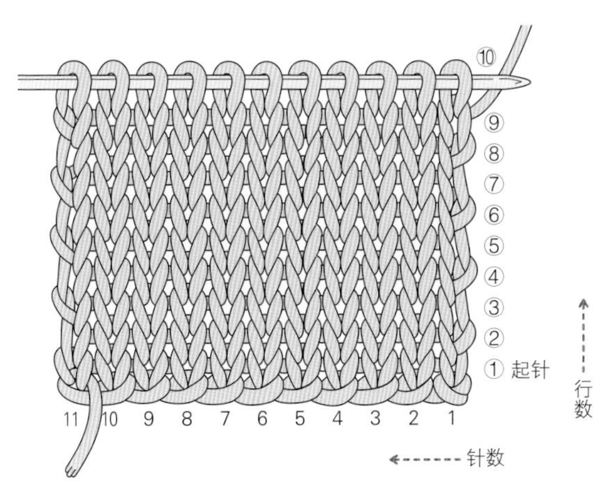

参照符号图编织样片

婴儿裙、斗篷、开衫、无袖连衣裙的育克部分等，右侧的符号图是本书棒针作品中通用的**基础花样**。首先编织样片，测量密度。为了事先确认成品尺寸，密度是必不可少的。通过编织样片，不仅可以掌握编织方法，还能作为练习，最后完成的作品才会更加漂亮。

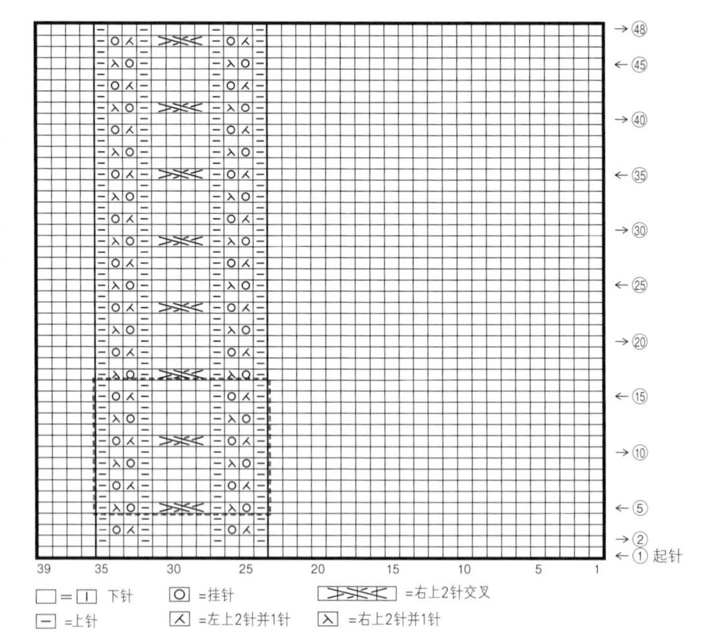

符号图的看法

诸如竖框外的空白部分，图中省略了下针符号，用白色方块表示下针。

行

符号图右端标注的带圈数字表示行数，箭头表示编织方向。

针

针数标注在起针行的下方。为了方便测量下针编织和编织花样的密度，特意将编织花样排在边上编织。

1个花样

符号图中红色虚线围起来的部分是编织花样的1个花样。在这12行的花样中，4行为一组的“挂针、2针并1针”重复3次，6行为一组的“2针交叉”重复2次。

材料和工具

用线　作品的编织用线（和麻纳卡 Paume <矿物染>）

用针　适用于线材的棒针（5号）

其他　熨斗、直尺

第3行

ㄑ 左上2针并1针

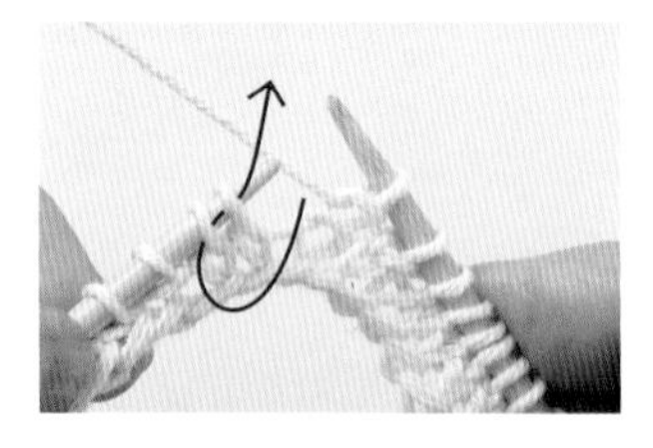

1　如箭头所示，在2个针目里插入右棒针。

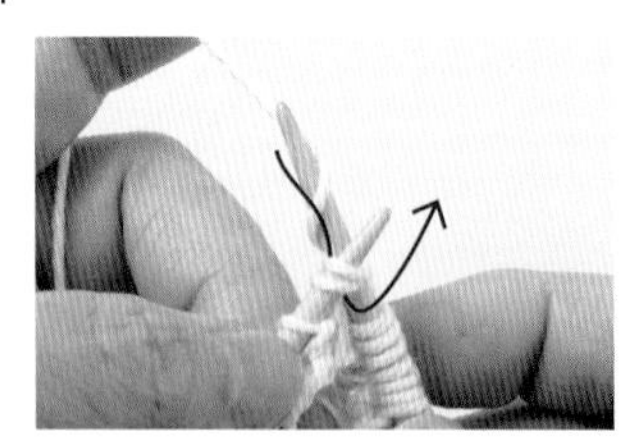

2　在针上挂线后拉出，织下针。

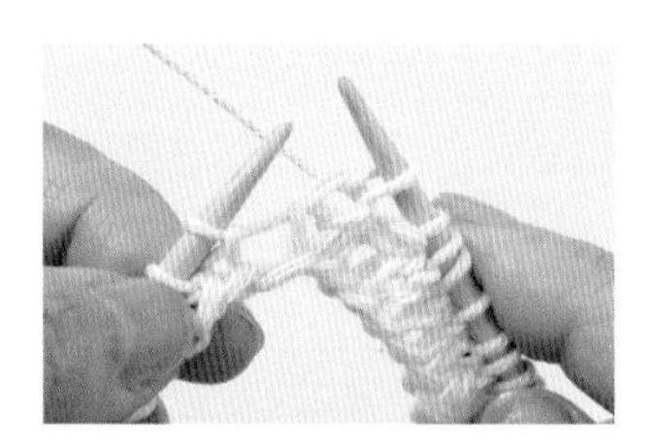

3　2针并1针完成，左侧的针目叠在上方。至此，减了1针。

○ 挂针

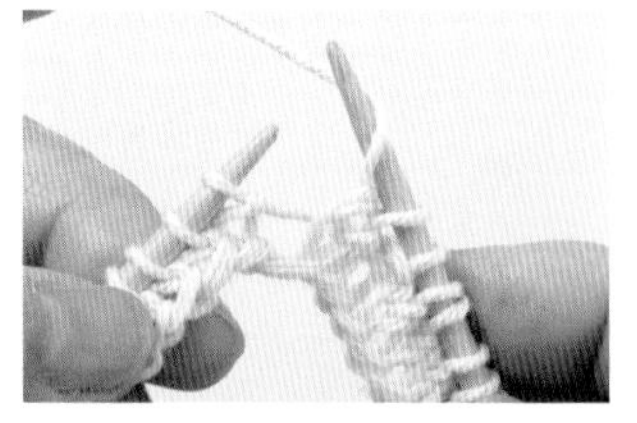

4　从前往后将线挂在右棒针上。这样，2个针目之间多了1针，即加了1针。

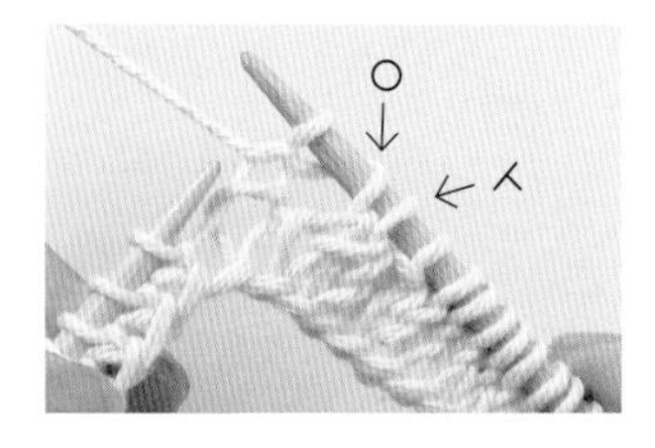

5　织完下一个针目后挂针就固定下来了。至此，左上2针并1针和挂针完成。

第4行

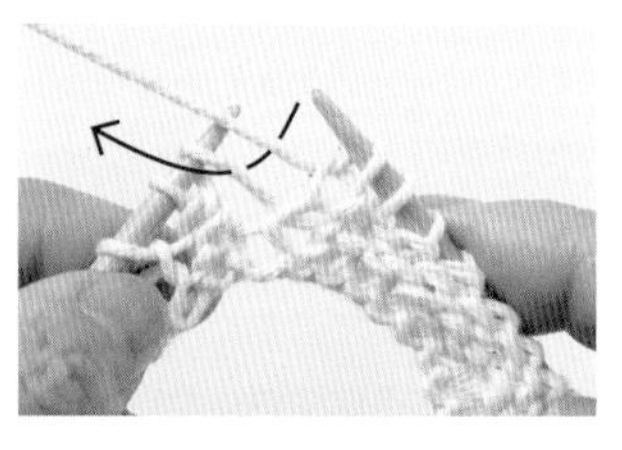

6　这是织物的反面。在步骤**4**中的挂针里织上针。

7　挂针变成了镂空针目。

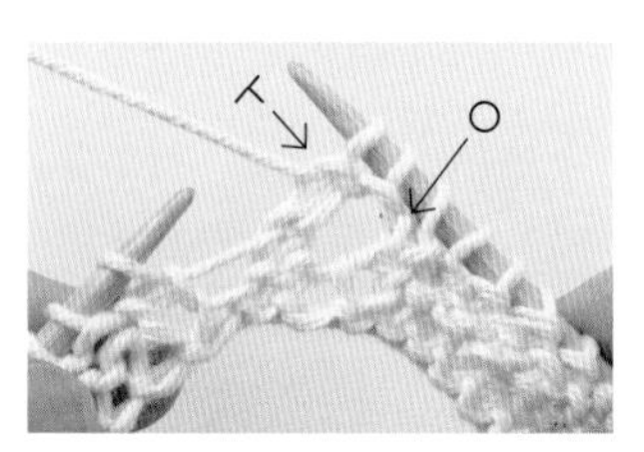

8　在步骤**3**中的2针并1针的针目里也织上针。

第5行　⋋ 右上2针并1针

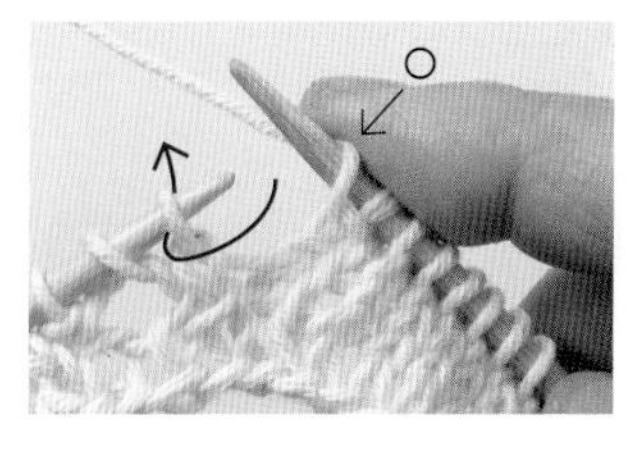

9　先挂针，然后如箭头所示在第1针里插入棒针，不织直接移至右棒针上。

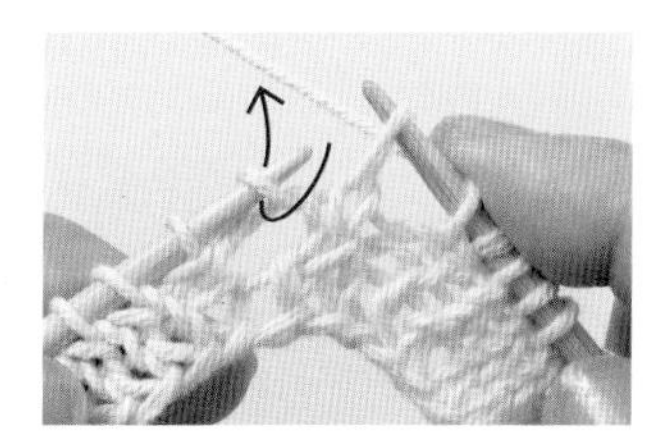

10　第2针织下针。

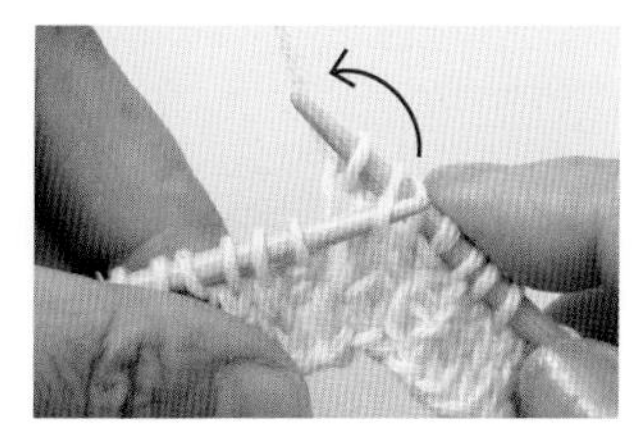

11　将步骤9中移至右棒针上的针目覆盖到步骤10中编织的针目上。

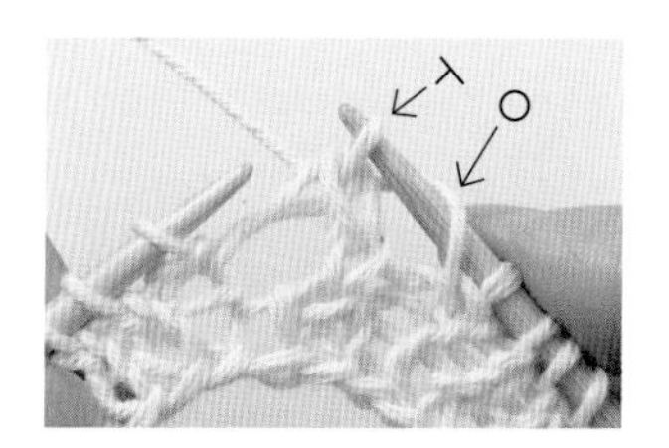

12　右上2针并1针完成。这样，挂针时加的1针又减掉了。

右上2针交叉

4 3 2 1

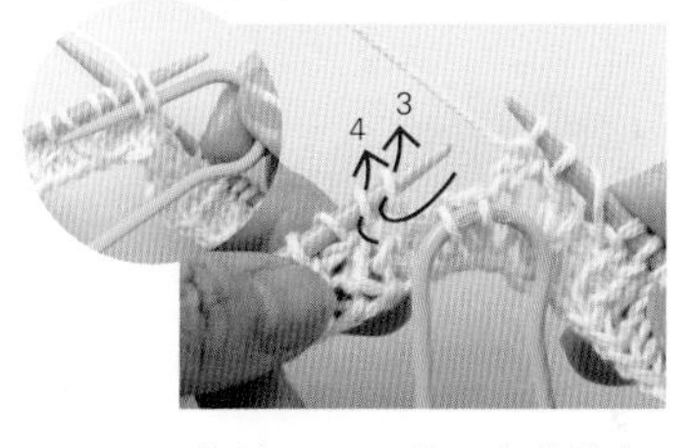

13　将针目1、2移至麻花针上，放在织物的前面，休针。如箭头所示依次编织针目3、4。

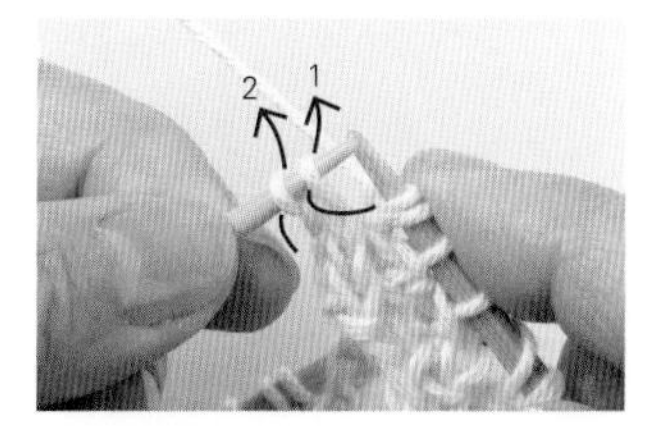

14　按针目1、2的顺序编织麻花针上的针目。

15　右上2针交叉完成。

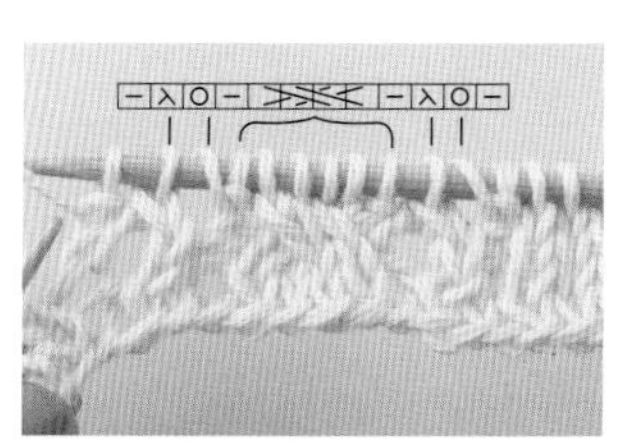

16　花样逐渐显现出来。挂针和2针并1针务必成组编织。

"起针39针 ×48行"
的样片完成了！

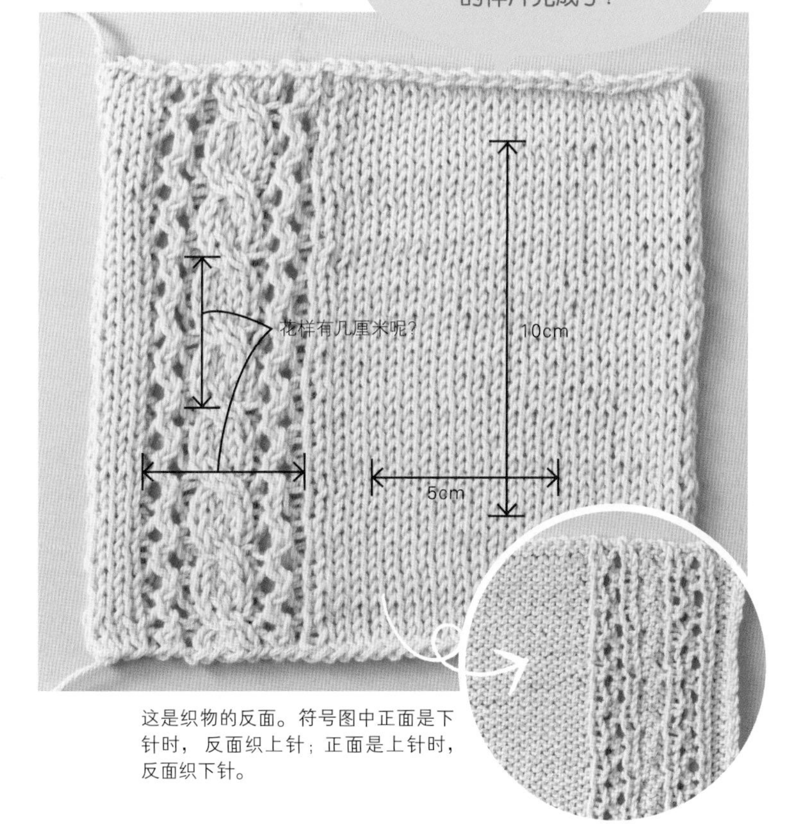

这是织物的反面。符号图中正面是下针时，反面织上针；正面是上针时，反面织下针。

关于密度

密度表示针目的大小，以此为标准计算编织某个尺寸所需要的针数和行数。

密度的测量

编织作品前，先编织一块大约边长15cm的样片。用蒸汽熨斗悬空轻轻熨烫，整理针目。下针部分数出10cm内的行数和5cm内的针数。花样部分量出花样的宽度和1个花样的高度。

密度的调整

与本书作品的密度相比，样片的针数和行数……

更多时　针目较紧密，织物会变小→编织得松一点，或者换粗一点的棒针进行调整。

更少时　针目较稀松，织物会变大→编织得紧一点，或者换细一点的棒针进行调整。

调整密度

通过改变棒针的粗细来调整针目的大小就是"调整密度"。即使针数相同，如果针号不同，织物的大小就会发生变化。

01 钩针编织的婴儿斗篷

用线 DARUMA Super Wash Merino

编织方法 p.19

尺寸

- 0~6个月
- 6~12个月
- 12~18个月
- 18~24个月

一件斗篷就可以掌握基础的编织方法！因为前11行有加针，请严格参照符号图进行钩织。下摆可通过更换针号简单地调整尺寸。因为叠门（门襟和里襟重叠部分）留得比较多，只要调整一下纽扣的位置，宝宝再长大一点也可以继续穿。本书中，同一位置的纽扣适用0~24个月的宝宝。

01 钩针编织的婴儿斗篷

—→ p.18

材料和工具

用线　DARUMA Super Wash Merino 米白色（1）120g/3团

用针　钩针4/0号、5/0号、6/0号

其他　直径1.8cm和1.5cm的纽扣各1颗

成品尺寸　长24.5cm

密度　10cm×10cm面积内：编织花样22针、13.5行（基础花样4/0号）

编织要点

1. 在斗篷的领窝位置起针。
2. 一边分散加针一边钩至第11行。
3. 调整密度钩至下摆。
4. 在领口缝上纽扣。

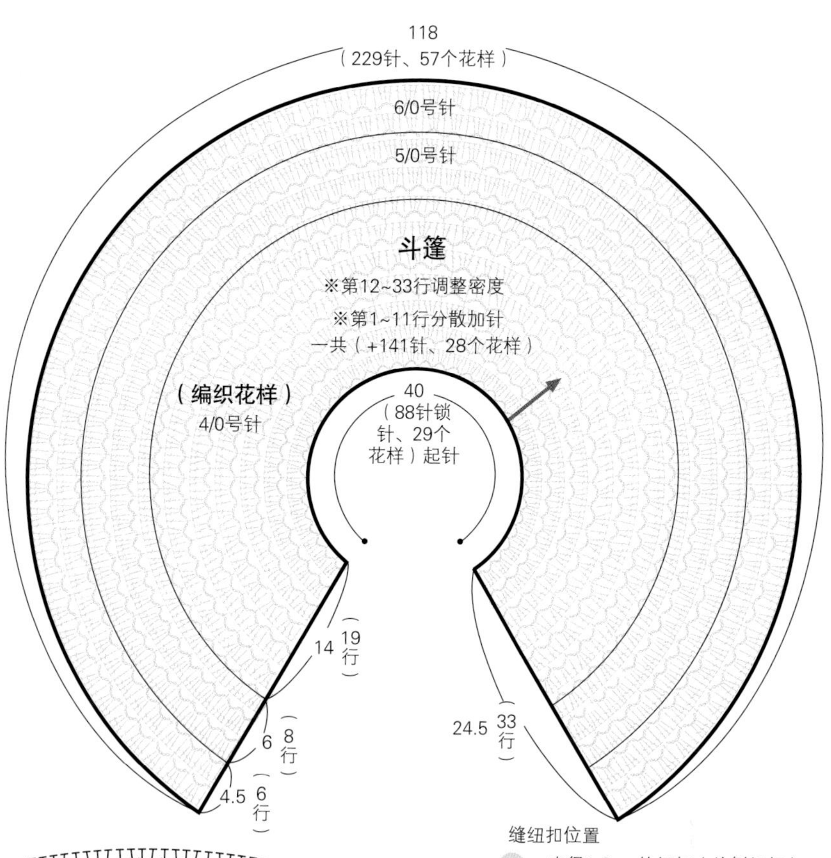

缝纽扣位置

● = 直径1.8cm的纽扣（外侧纽扣）

◌ = 直径1.5cm的纽扣（内侧纽扣）

斗篷：分散加针的符号图

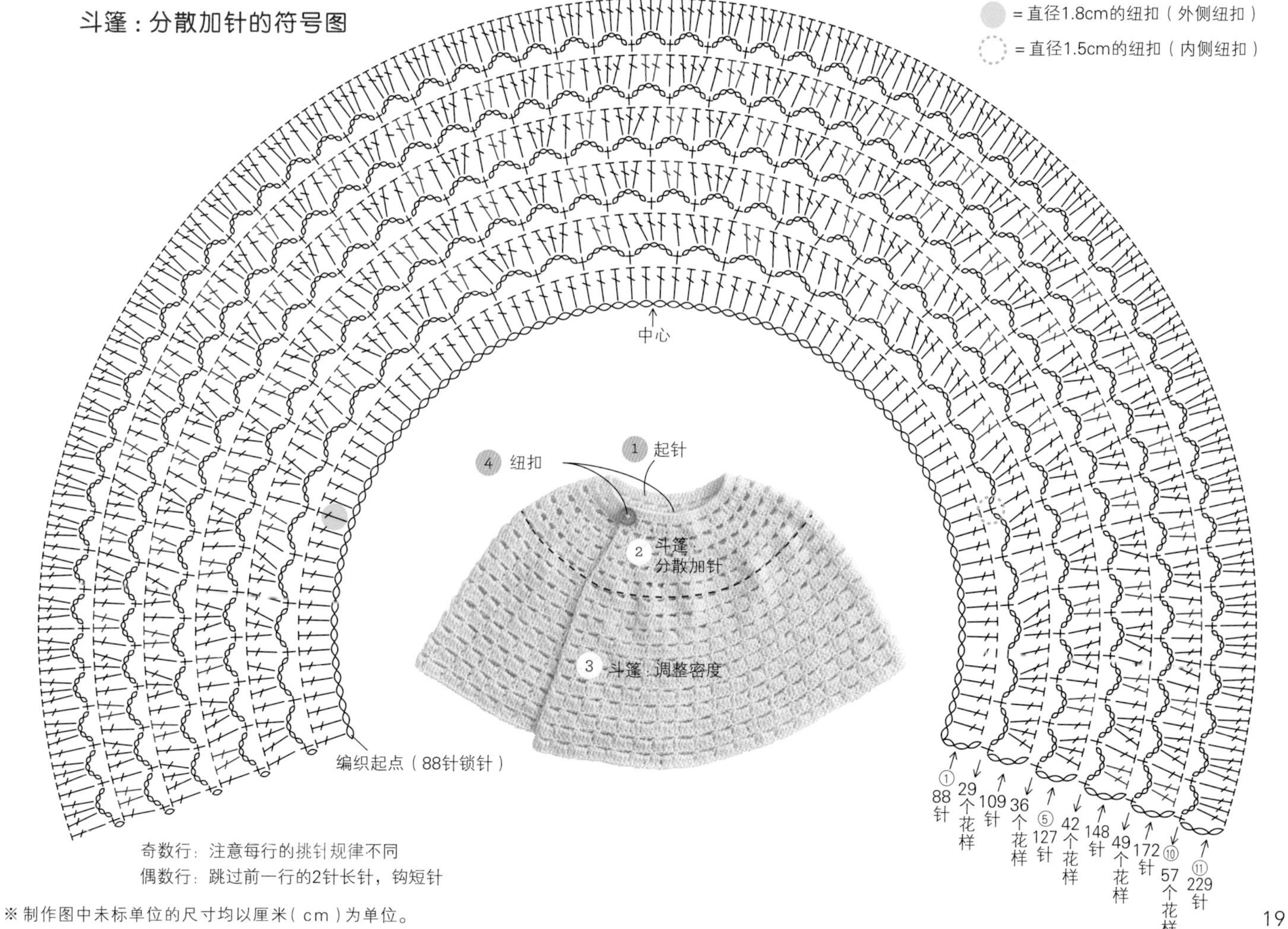

奇数行：注意每行的挑针规律不同

偶数行：跳过前一行的2针长针，钩短针

※ 制作图中未标单位的尺寸均以厘米（cm）为单位。

01 斗篷的编织方法

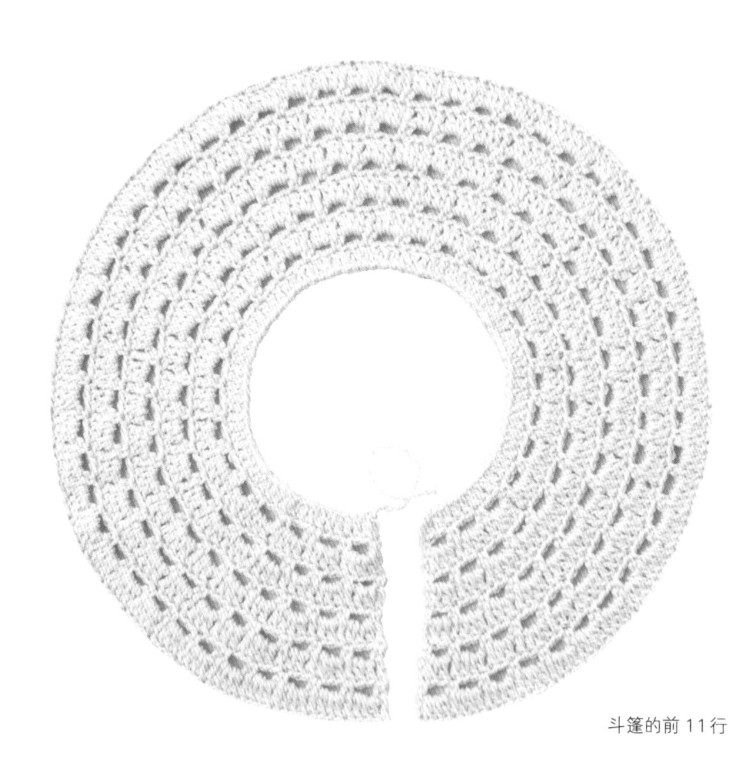

斗篷的前11行

① **起针** —— 参照p.10

钩88针锁针起针。

② **钩织斗篷的第1~11行**

参照符号图(→p.19)，一边分散加针一边钩织。奇数行从织物的正面钩织，偶数行从织物的反面钩织。

奇数行　每行的挑针规律不同，请一边确认符号图一边钩织。

偶数行　每次跳过前一行的2针长针钩织。

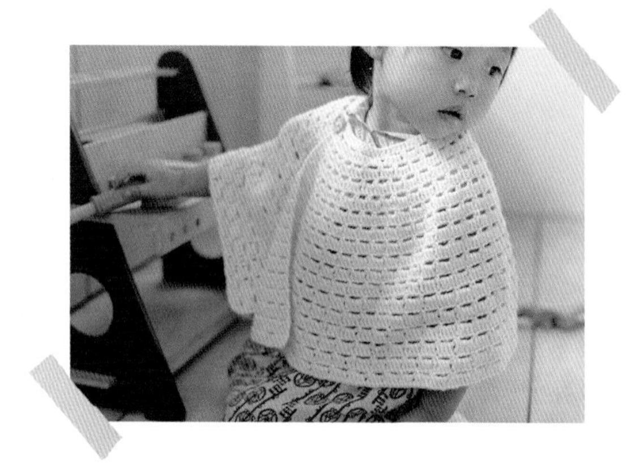

● 接新线

在钩织过程中线不够用时，在针目最后做引拔前接上新线。可以在钩织的时候将线头包在里面，也可以在结束后再做处理。

※为了便于理解，图中使用了不同颜色的线

在织物的一端……

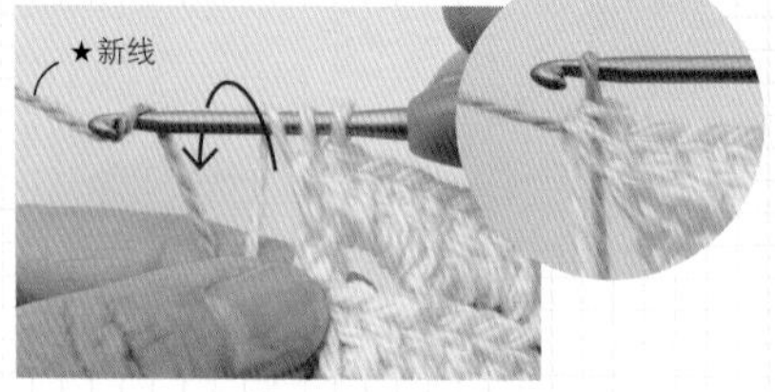

正面：将前面编织的线从前往后挂在针头，用新线做最后的引拔。

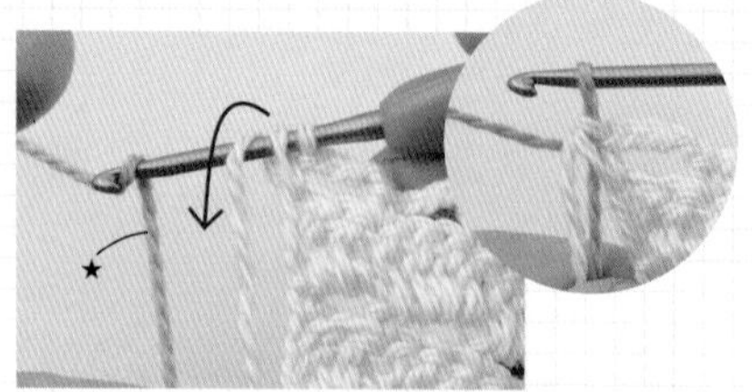

反面：将前面编织的线从后往前挂在针头，用新线做最后的引拔。

在织物的中途……

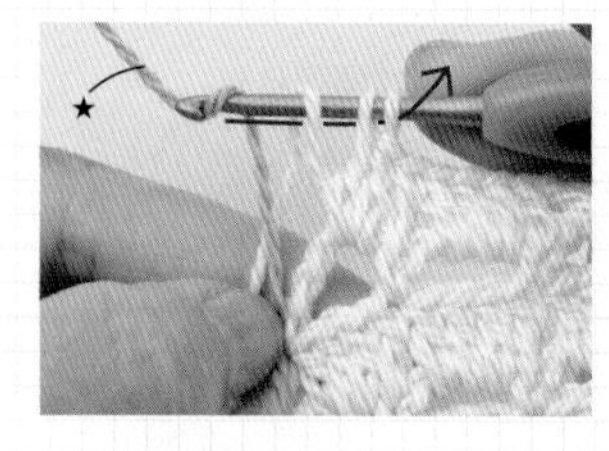

1　将前面编织的线从前往后挂在针头(在反面接线时则从后往前挂线)，用新线做最后的引拔。

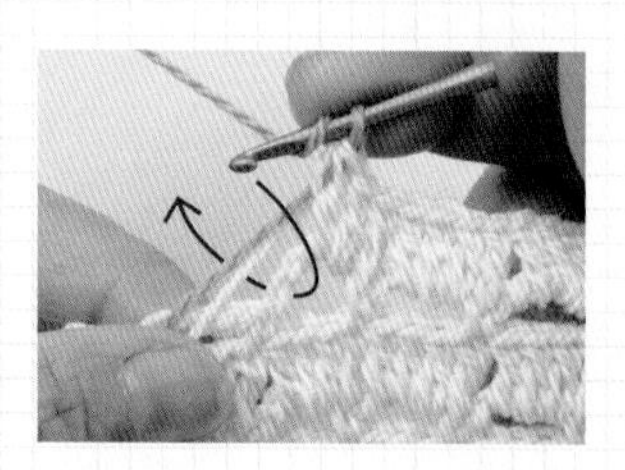

2　接上了新线。将新线和前面编织的线的线头与前一行的针目并在一起，插入钩针一起挑起。

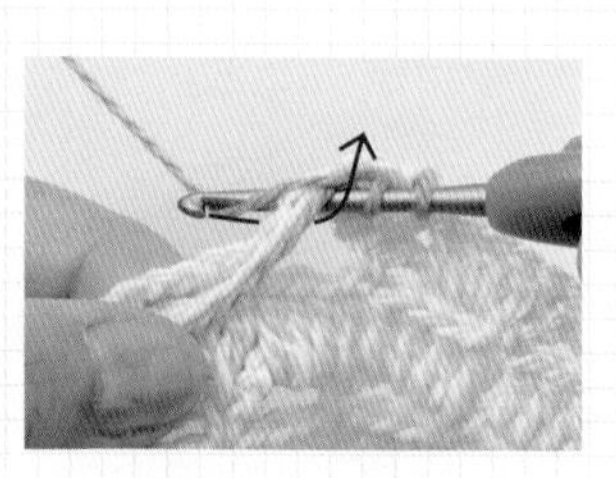

3　将线头包在里面钩织。

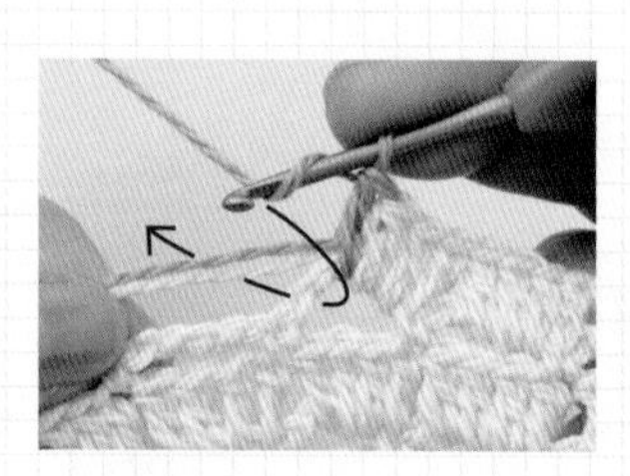

4　按此要领连续钩几针后，将前面编织的线和新线的线头一起剪断。

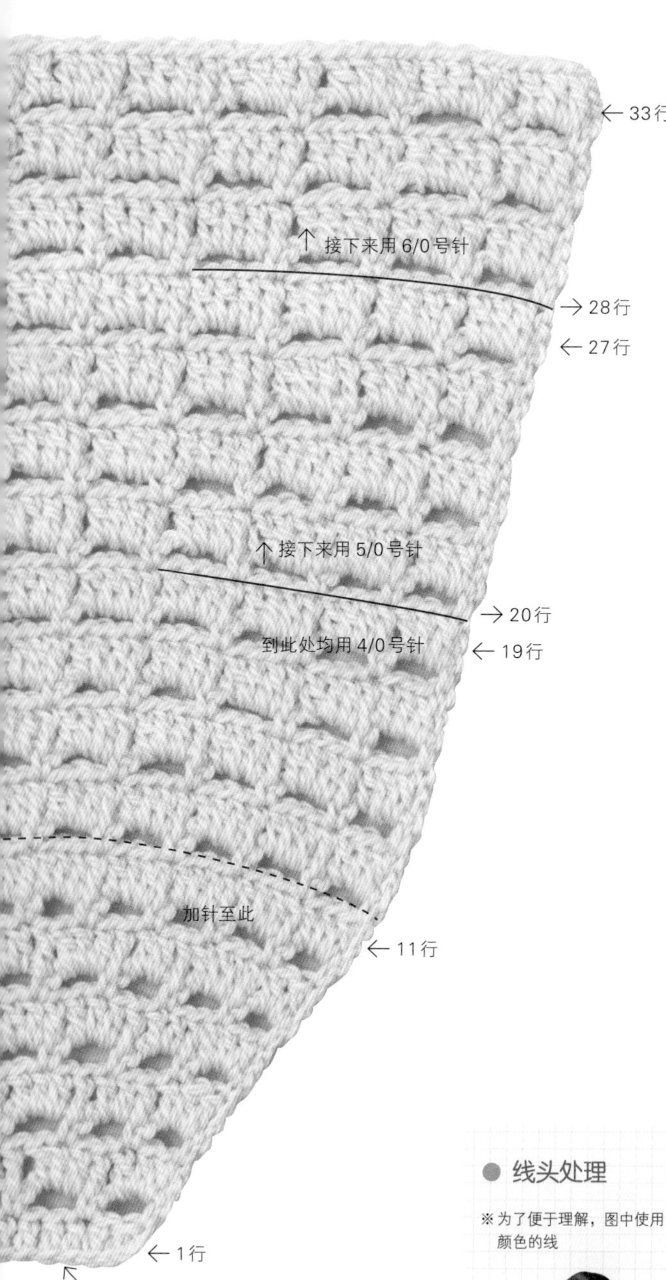

③ 密度：调整密度钩至下摆 —→ 参照 p.13

花样不变，通过更换针号来调整密度的大小。

12~19行　4/0号针：5个花样（20针），约9cm

20~27行　5/0号针：5个花样（20针），约9.5cm

28~33行　6/0号针：5个花样（20针），约10cm

斗篷：调整密度

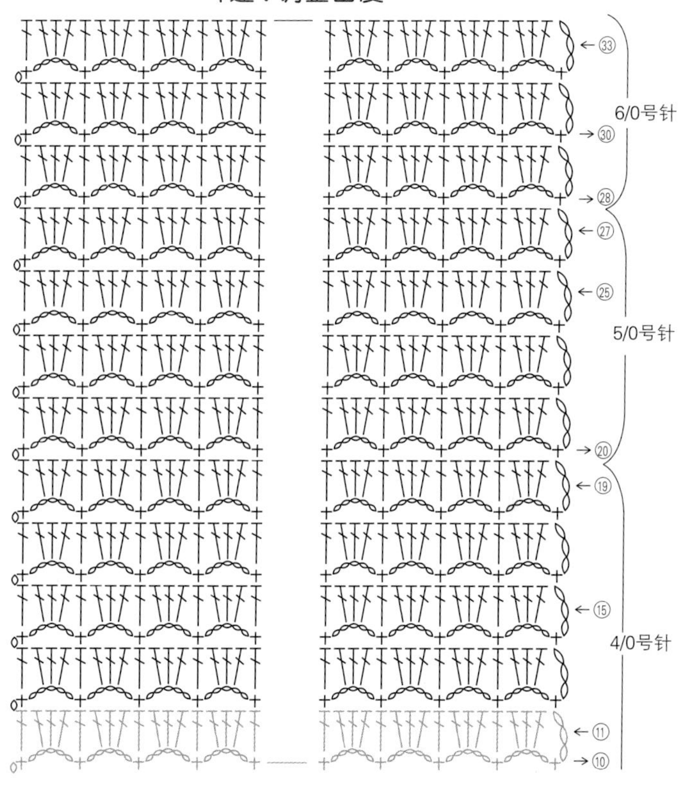

● 线头处理

※为了便于理解，图中使用了不同颜色的线

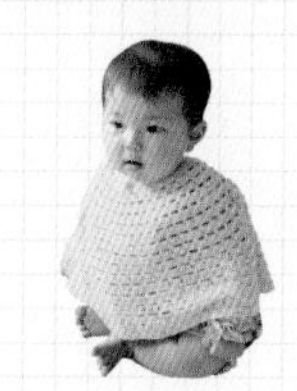

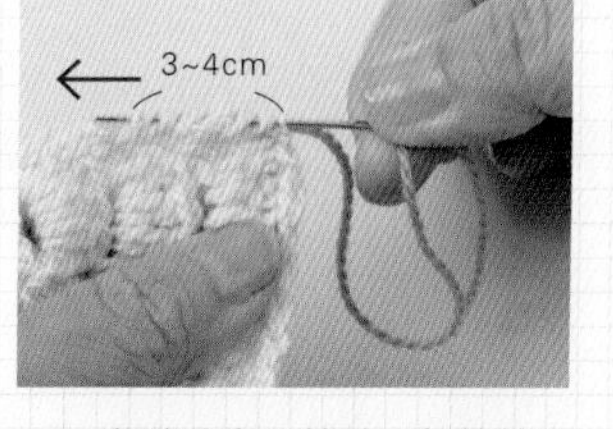

1　将线头穿入缝针，将缝针从针目中穿过，注意线头不要露出织物的正面。

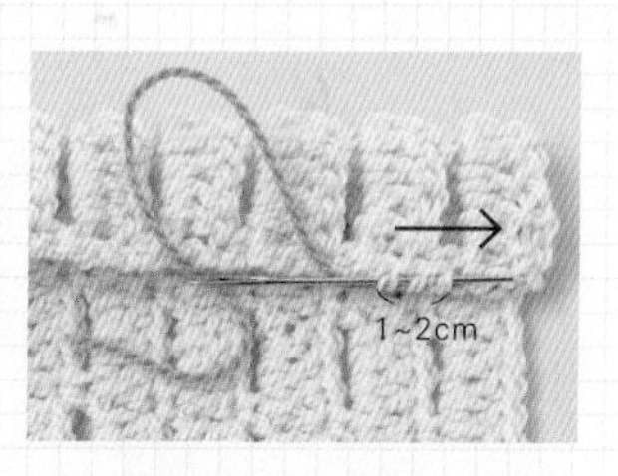

2　再换个方向，跳过几针往回穿针。紧贴织物表面将线头剪断。

④ 在领口缝上纽扣

缝纽扣的位置参照 p.19。

利用花样的空隙作为扣眼。

● 纽扣的缝法

※本书中，使用作品的编织用线缝纽扣

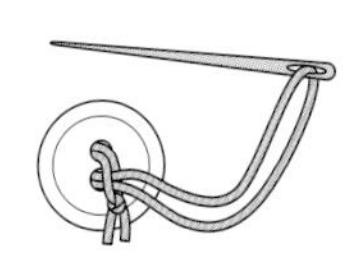

1　将线穿成2股，线头打结。从纽扣的反面入针，再穿入线环中。

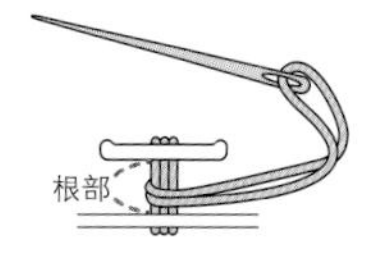

2　根据织物的厚度调整针脚长度，在根部绕若干圈线。

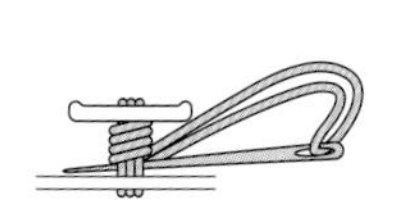

3　将缝针穿过针脚固定。

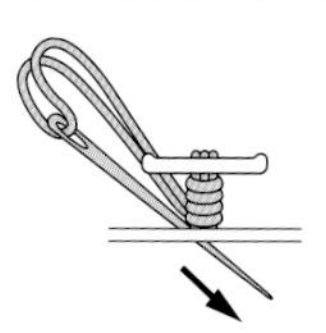

4　将缝针穿出至织物的反面，打结并处理好线头。

02 钩针编织的婴儿裙

用线 DARUMA Super Wash Merino

编织方法 p.24

尺寸

0~6个月

虽然编织花样与p.18的斗篷相同，但是领口的蝴蝶结、下摆及袖口的波浪花样增添了些许可爱。利用双层的叠门和花样的针目空隙穿入的缎带可以自由地调整衣宽。衣长和袖长都加长一点，完全可以盖住手脚，这样婴儿稍稍活动一下也没有关系。

03 钩针编织的长款外套

用线 DARUMA Super Wash Merino

编织方法 长款外套 p.24

发带 参见 p.57 莫比乌斯发带

等宝贝能够走得很稳了，可以按个人喜好将婴儿裙的衣长和袖长拆短，瞬间变成一件长款外套！将蝴蝶结换成纽扣，就更像孩子穿的衣服了。纽扣的位置可以根据宝贝的身材来确定。不妨用拆下来的线再编织一条发带。好不容易编织完成的婴儿裙，能够多穿上几年一定很开心吧。

02 钩针编织的婴儿裙

——→ p.22

03 钩针编织的长款外套

——→ p.23

⓶婴儿裙

最后一行的编织方法 1个花样

（身片）

←54

←53

←52

材料和工具

用线 DARUMA Super Wash Merino 米白色（1）⓶280g/6团、⓷240g/5团

用针 钩针4/0号、5/0号、6/0号、7/0号

其他 ⓶直径1.5cm的纽扣1颗、缎带49cm

⓷直径1.3cm的纽扣1颗、直径1.8cm的纽扣4颗

成品尺寸

⓶胸围64cm、衣长53cm、连肩袖长35cm

⓷胸围64cm、衣长45cm、连肩袖长34cm

密度 10cm×10cm面积内：编织花样22针、13.5行（基础花样 4/0号针）

编织要点

1. 在领窝位置起针。
2. 一边加针一边钩至育克的第11行，接着无须加减针再钩4行。
3. 将育克分成身片和袖子，并在前后身片之间钩织腋下的针目。
4. 将前后身片连起来钩织，调整密度钩至下摆。
5. 钩织袖子。
6. ⓶在领口缝上纽扣，穿入缎带。
   ⓷在前门襟缝上纽扣。

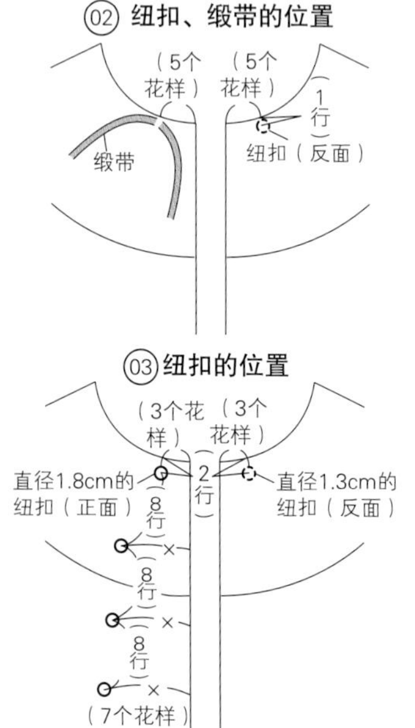

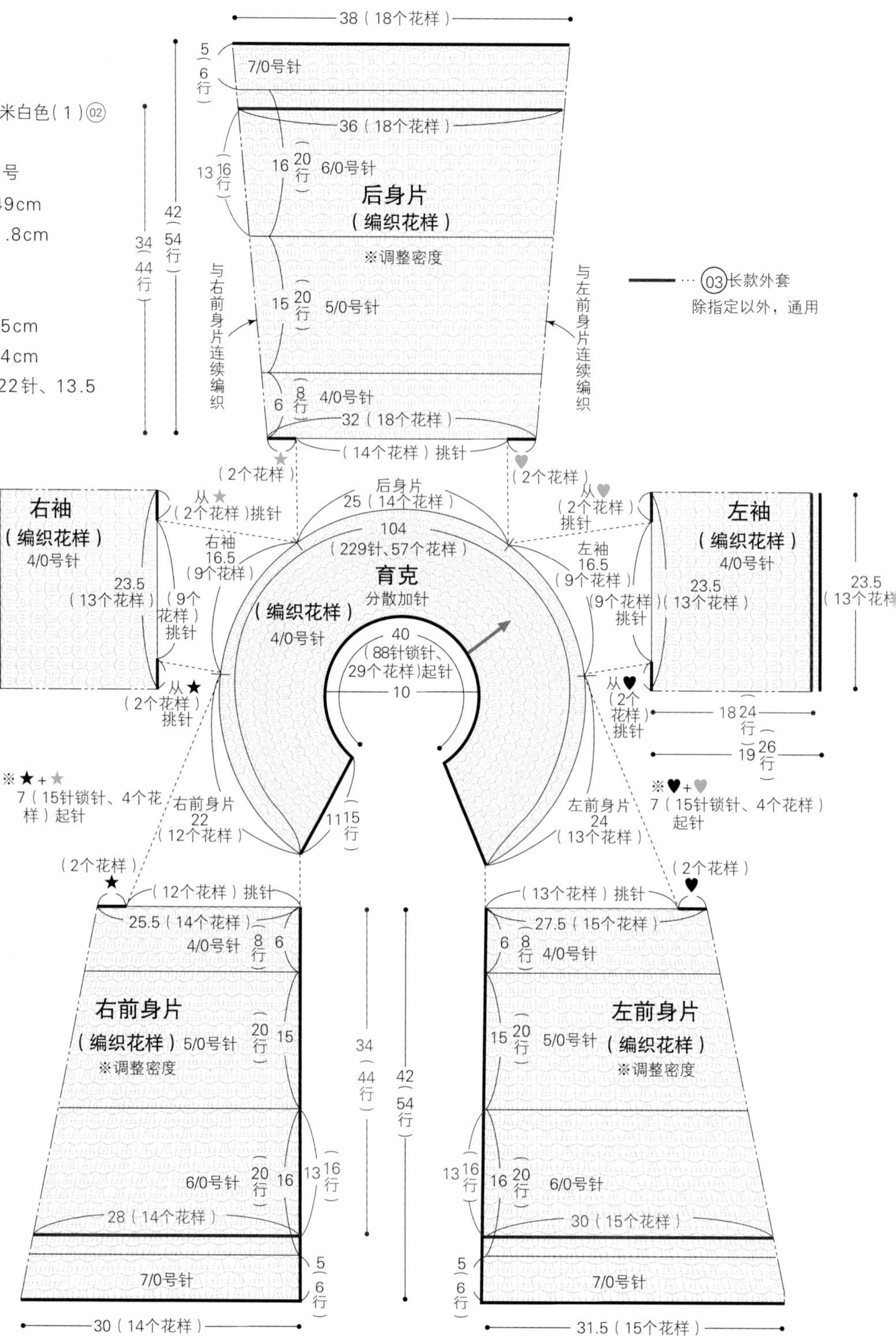

02 婴儿裙的编织方法

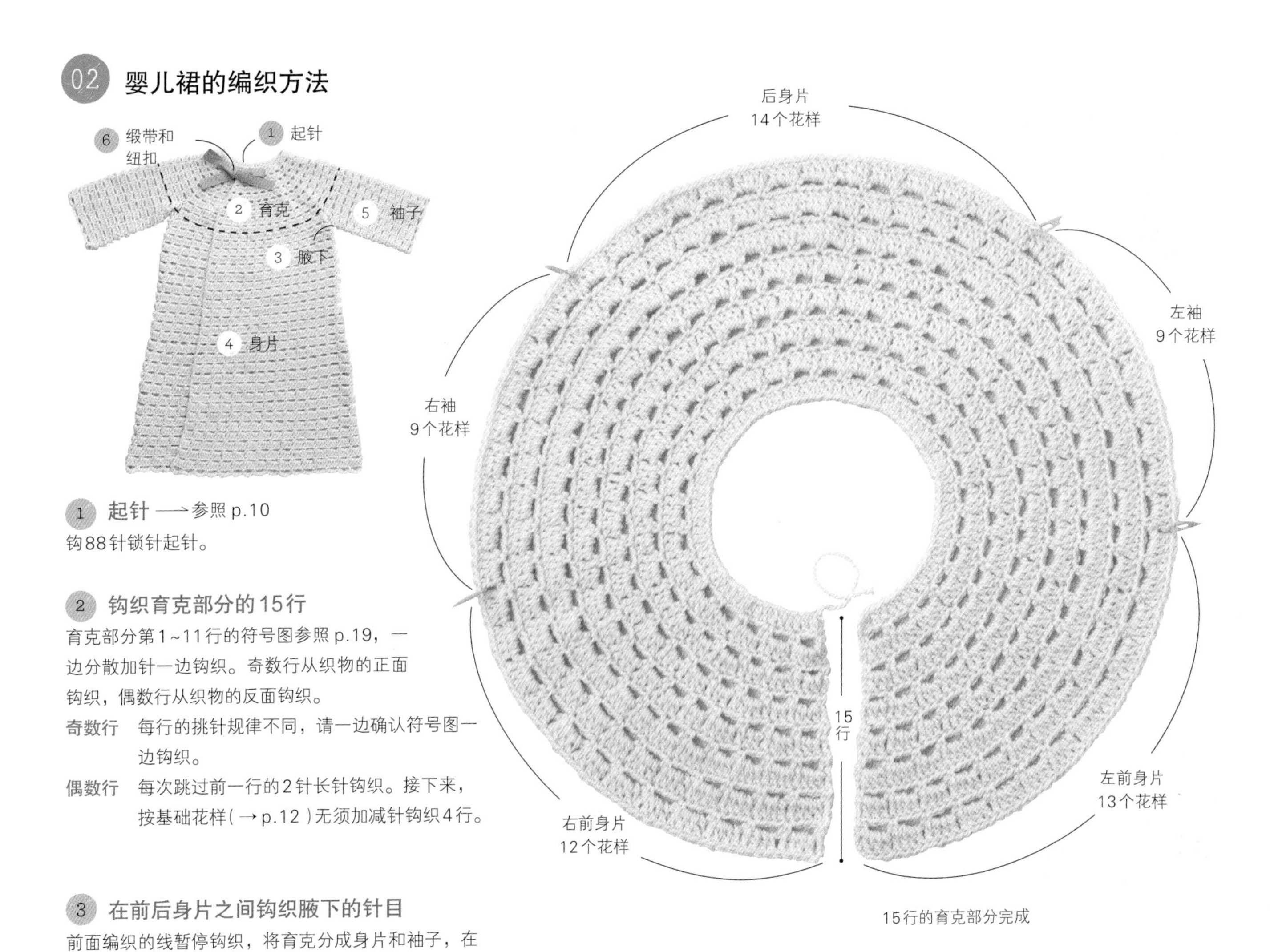

15行的育克部分完成

1 起针 ——→参照 p.10

参照 p.10

钩88针锁针起针。

2 钩织育克部分的15行

育克部分第1~11行的符号图参照 p.19，一边分散加针一边钩织。奇数行从织物的正面钩织，偶数行从织物的反面钩织。

奇数行　每行的挑针规律不同，请一边确认符号图一边钩织。

偶数行　每次跳过前一行的2针长针钩织。接下来，按基础花样（→p.12）无须加减针钩织4行。

3 在前后身片之间钩织腋下的针目

前面编织的线暂停钩织，将育克分成身片和袖子，在前后身片之间另行起针作为腋下针目。

● 钩织腋下的锁针

※为了便于理解，图中使用了不同颜色的线

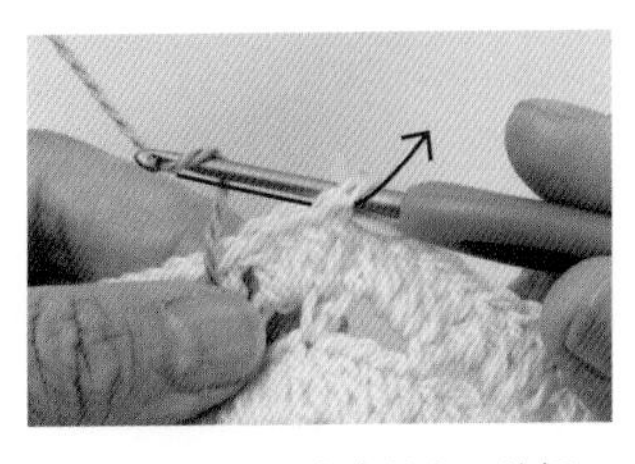

1　在身片和袖育克的交界处插入钩针，拉出新线。

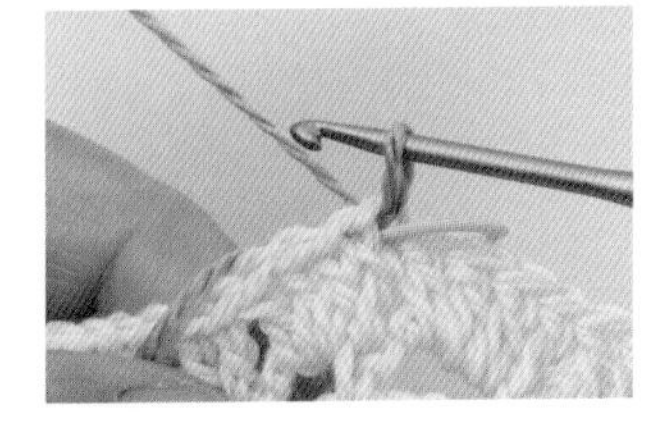

2　接线完成。钩15针锁针作为腋下针目。

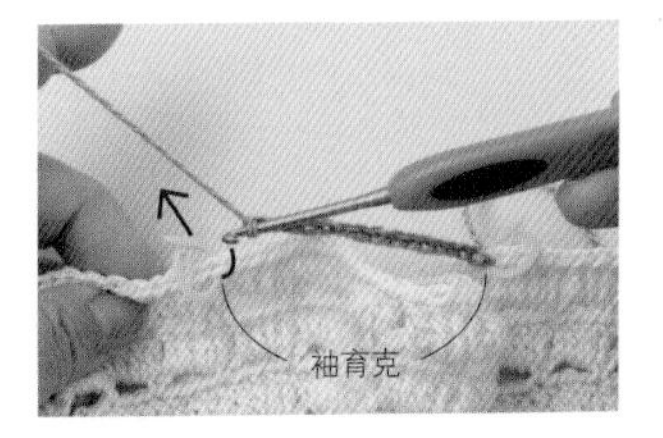

3　跳过袖育克的9个花样，引拔。

4　腋下的锁针完成。

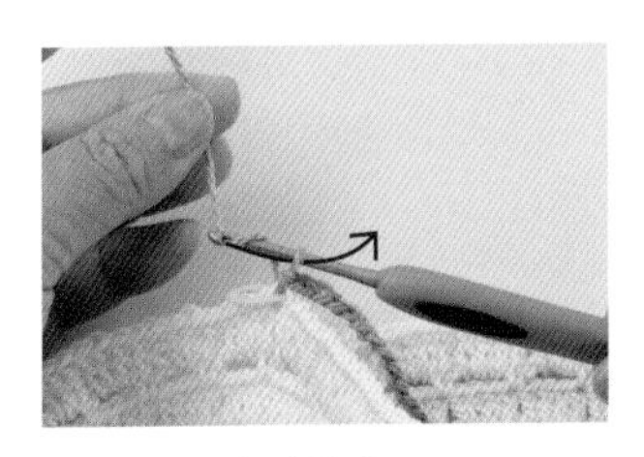

5　断线，拉出线头。

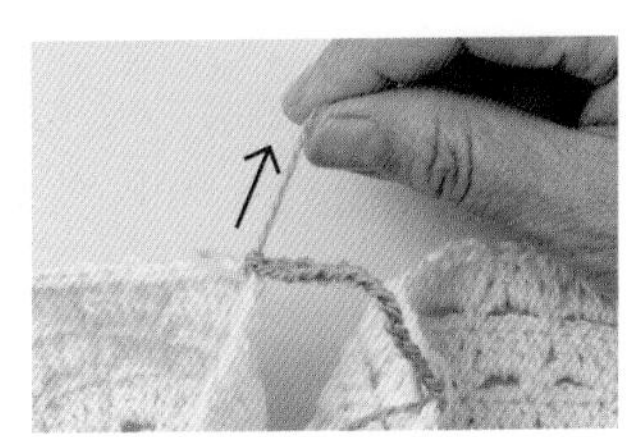

6　拉紧线头，收紧针目。

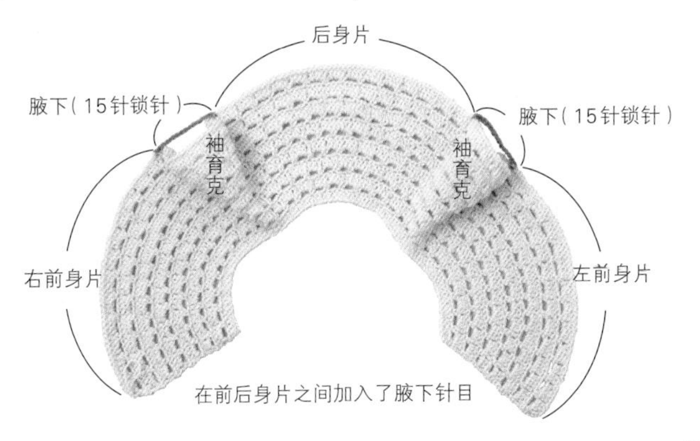

在前后身片之间加入了腋下针目

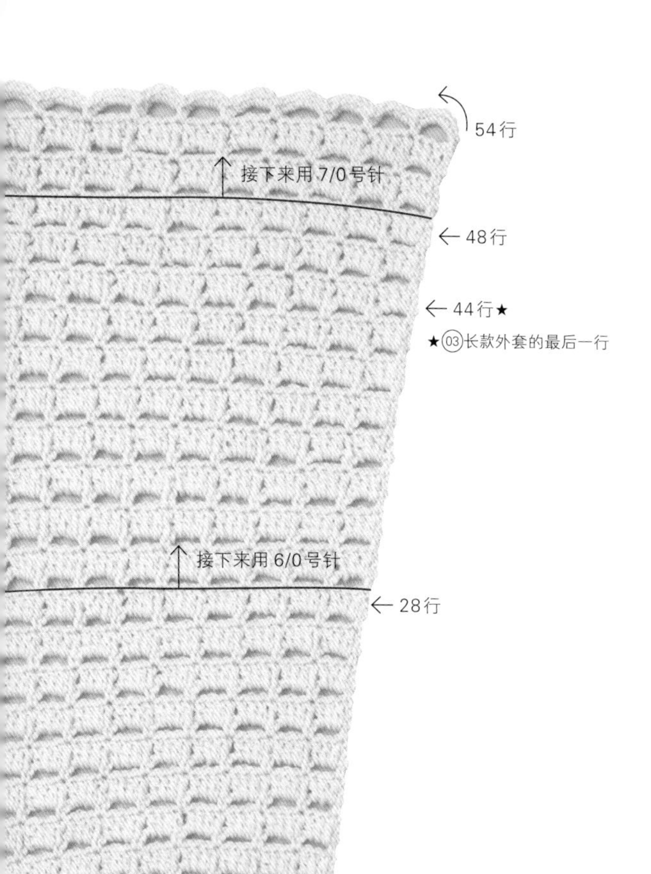

4 钩织前后身片

用前面暂停钩织的育克的线接着钩织身片部分。按基础花样(→p.12)，一边更换针号调整密度一边继续钩织。

● 从腋下锁针上挑针

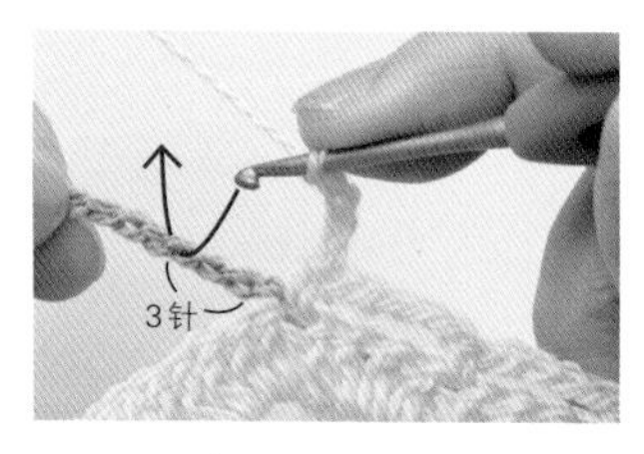

1 这是身片的第1行。用前端暂停钩织的线继续钩织右前身片，接着在腋下锁针的里山(→参照 p.10)插入钩针。

2 从腋下锁针上挑针钩织4个花样。继续钩织后身片。

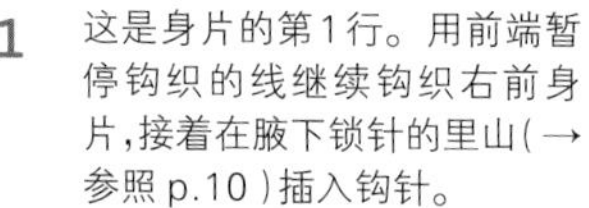

身片的1行花样完成。花样的符号图参照 p.21的"斗篷：调整密度"。

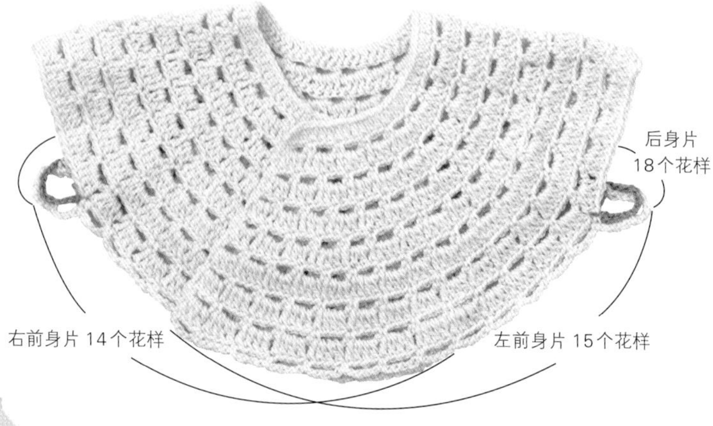

● 调整密度钩至下摆 —— 参照 p.13

花样不变，通过更换针号来调整密度的大小。

1~8行　4/0号针：5个花样(20针)，约9cm
9~28行　5/0号针：5个花样(20针)，约9.5cm
29~48行　6/0号针：5个花样(20针)，约10cm　★03长款外套钩至第44行
49~54行　7/0号针：5个花样(20针)，约10.5cm

● 02婴儿裙的最后一行(第54行)

※为了便于理解，图中使用了不同颜色的线

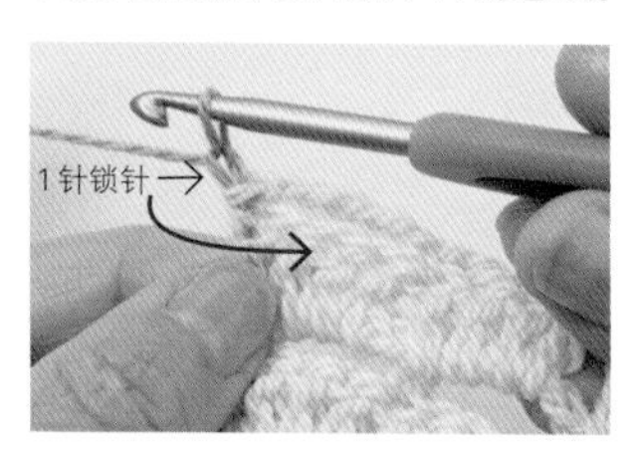

1 身片的第53行完成。接着钩1针锁针，翻转织物。

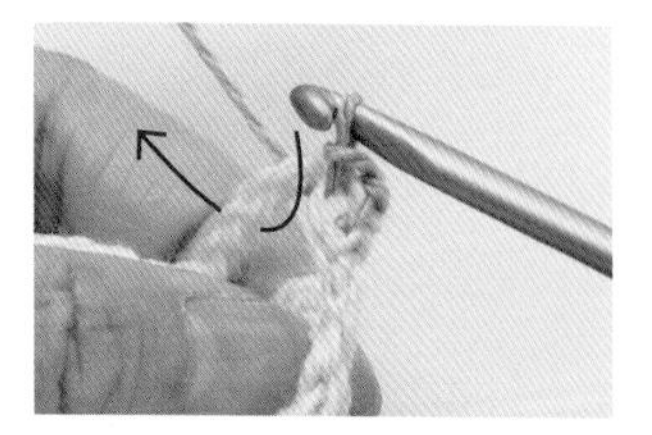

2 在短针的头部钩引拔针，然后在前一行锁针下方的空隙里插入钩针。

3 整段挑针钩5针短针。在短针的头部插入钩针引拔。

4 重复步骤2、3继续钩织。

5 钩织袖子

袖子部分从腋下锁针和袖育克挑针，看着织物的正面环形钩织。

● 从腋下锁针和袖育克挑针

※为了便于理解，图中使用了不同颜色的线

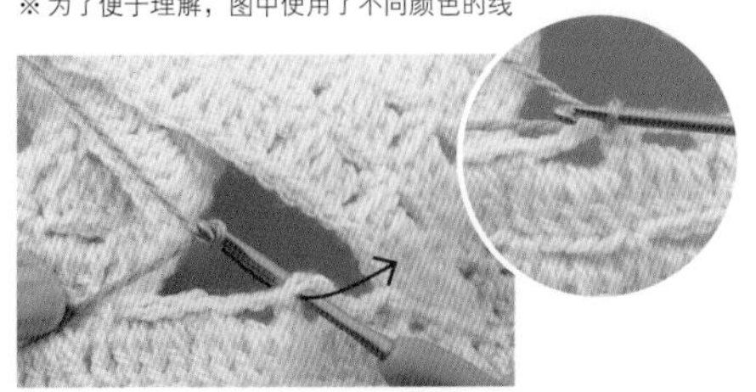

1 在肋部接线。腋下在钩织身片时剩下的锁针的2根线里挑针。

袖子的符号图

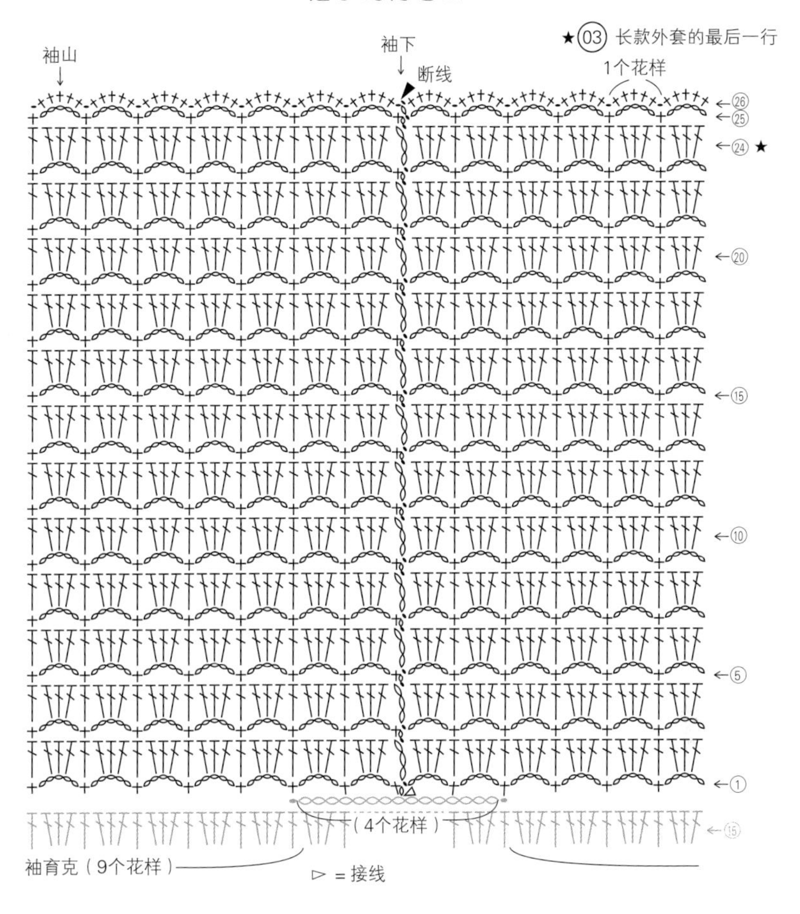

2 立织1针锁针，接着钩短针。

3 从腋下锁针挑针钩织2个花样，接着从袖育克挑针继续钩织。

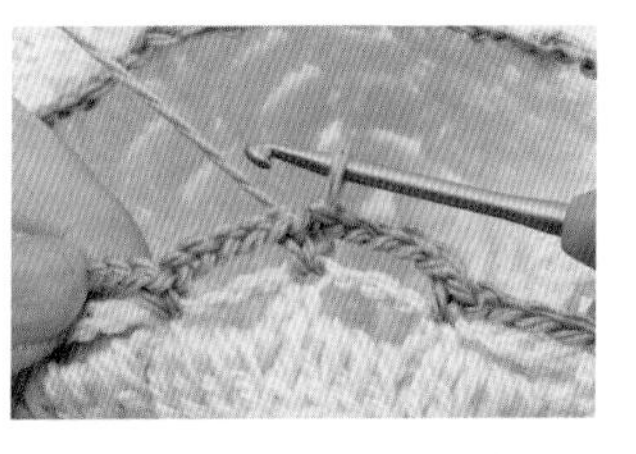

4 在编织起点的短针上引拔，袖子的1行花样完成。

5 第2行也从织物的正面钩织。

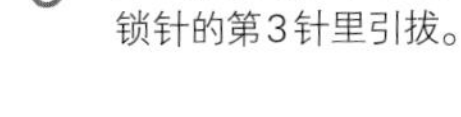

6 第2行完成。在该行编织起点锁针的第3针里引拔。

7 按基础花样，无须加减针一圈一圈地继续环形钩织。

6 02在领口缝上纽扣，穿入缎带

（03在前端缝上纽扣→参照p.24）

缝上纽扣（→参照p.21），将缎带穿在针目间。利用花样的空隙打蝴蝶结或作为扣眼。

04 棒针编织的斗篷

用线 和麻纳卡 Paume <矿物染>

编织方法 p.29

尺寸

- 0~6个月
- 6~12个月
- 12~18个月
- 18~24个月

单罗纹针、下针编织、麻花针和镂空花样，小小的斗篷中包含了棒针编织的多种基础技法。通过这件斗篷掌握了花样的编织方法后，就可以轻松尝试其他任何作品了。因为使用的是有机棉线，所以宝宝全年均可穿着，夏天空调房里可以防止受凉，春秋季节可以保暖。

棒针编织的斗篷

——→ p.28

材料和工具

用线　和麻纳卡 Paume <矿物染>灰色(45)
105g/5团

用针　棒针5号、4号(带堵头的2根针或者4根针、环形针)

其他　直径1.5cm的纽扣2颗

成品尺寸　长23.5cm

密度　10cm×10cm面积内：编织花样26.5针、28行

编织要点

1. 在斗篷的领口位置起针。
2. 领子部分编织8行单罗纹针。
3. 编织主体。
4. 在右门襟缝上纽扣，在左门襟制作扣眼(手缝扣眼)。

115
(305针)
斗篷
主体(编织花样) 5号针
分散加针
30(81针)
领子
(单罗纹针)
4号针
(67针)
起针
3
(行)
2.5
(8行)
9
(行)
(4针)
19　(54行)
23.5　(68行)
●=扣眼
(手缝扣眼)
前门襟
前门襟
2 (6行)
(单罗纹针)

斗篷的编织方法

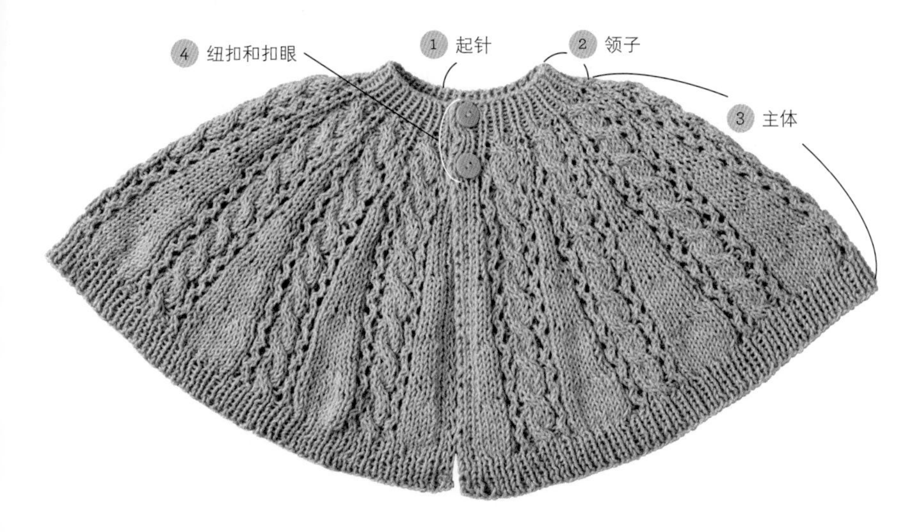

① 起针

用4号针手指挂线起针(→参照p.14)，起67针。针上起好的针目就是领子的第1行。

② 编织领子

领子部分用4号针编织8行单罗纹针。

● 第2行(从织物的反面编织的行)

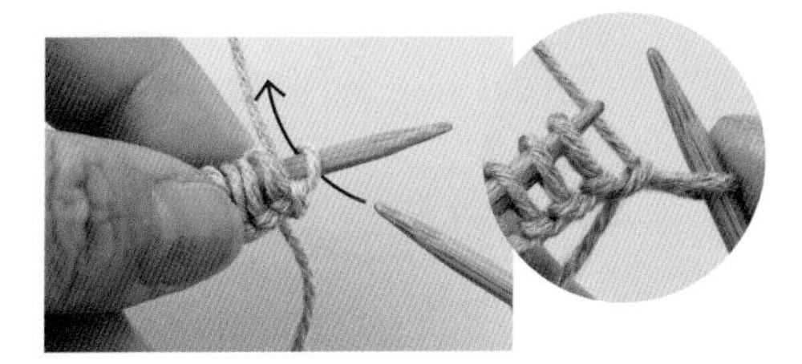

1　开始编织的第1针织滑针。如箭头所示插入棒针，不织，直接将针目移至右棒针上。

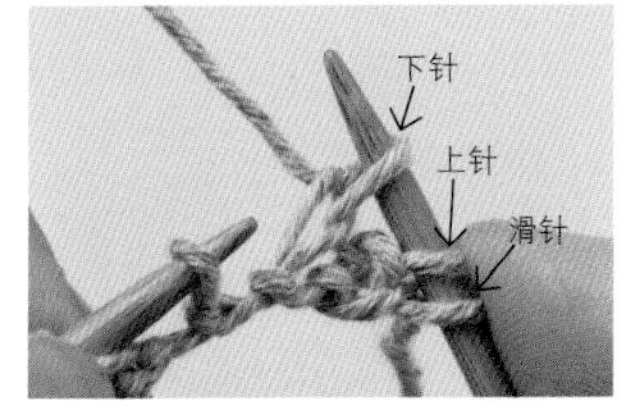

2　按"上针、下针"的顺序编织。重复编织"1针上针、1针下针"。

● 第3行(从织物的正面编织的行)

3　边上第1针织滑针。接着参照符号图重复编织"1针下针、1针上针"。

③ 编织主体

换成5号棒针。参照符号图，一边编织一边在花样和花样之间挂针（→参照 p.16）加针。挂针加的针目在下一行做扭针编织，不过扭针的操作在织物的反面进行。此外，挂针分为“**花样的挂针**”和“**加针的挂针**”，注意不要混淆。

● 挂针和扭针加针

→第2行
←

1 这是编织花样的第2行。如箭头所示，在前一行的挂针里插入棒针，织上针。

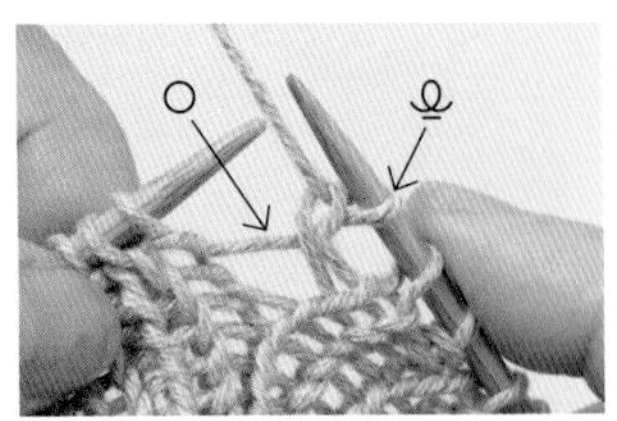

2 上针的扭针完成。从织物的正面看就是下针的扭针。

→第4行
←

1 这是编织花样的第4行。如箭头所示，在前一行的挂针里插入棒针，织下针。

2 下针的扭针完成。从织物的正面看就是上针的扭针。

斗篷的符号图

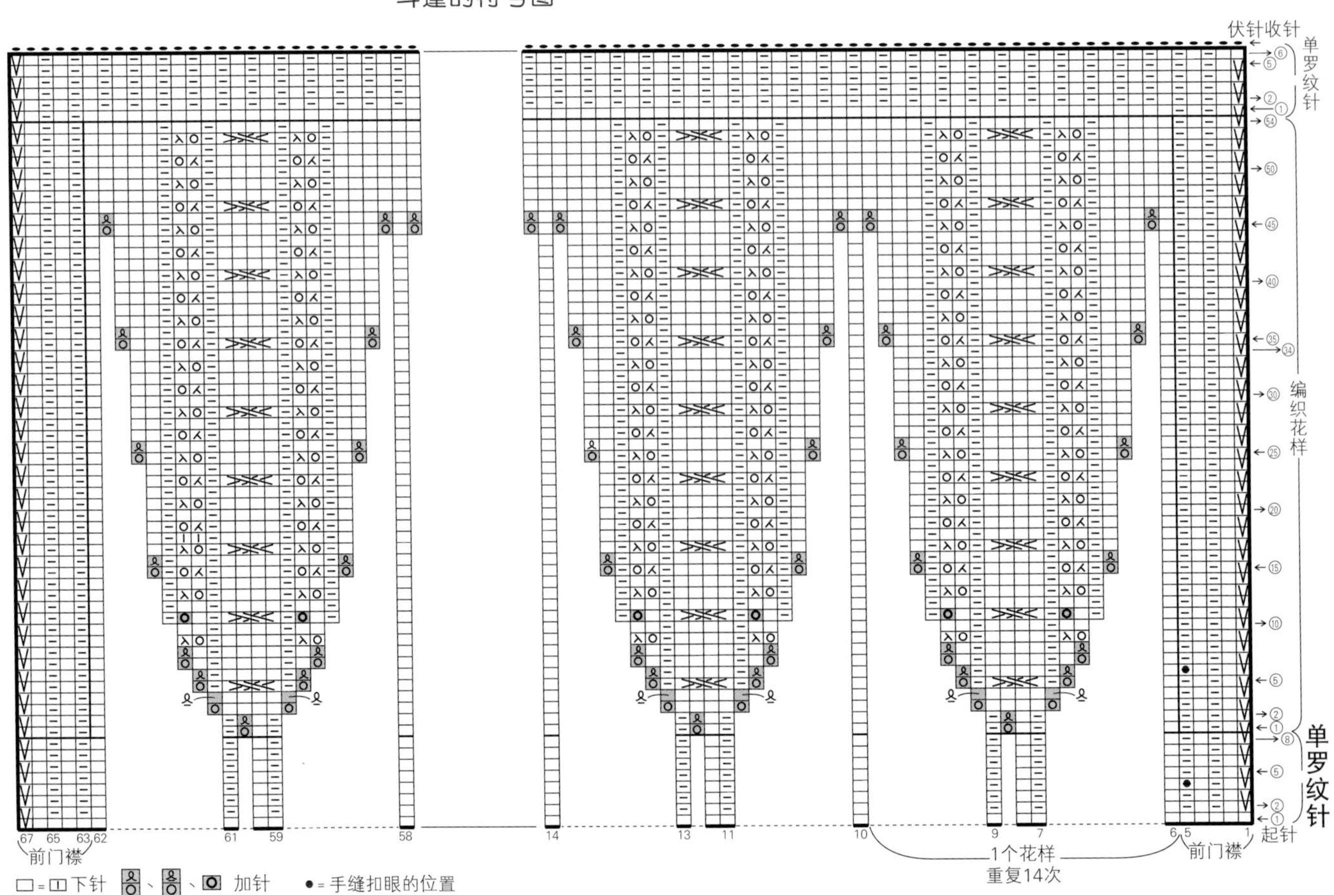

● 编织结束时，按前一行的针目做伏针收针

1 边上的2针织下针。

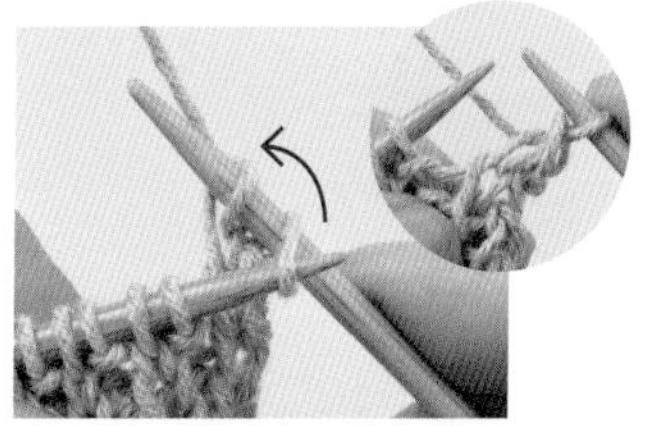

2 挑起第1针覆盖在第2针上。第1针的伏针收针完成。

3 按前一行的针目，下一个针目织上针。挑起前一针覆盖在这一针上。

4 重复“织1针下针后覆盖、织1针上针后覆盖”，直至最后。

④ 在右前门襟缝上纽扣，在左前门襟缝制扣眼

纽扣的缝法→参照 p.21

● 手缝扣眼

※ 为了便于理解，图中使用了不同颜色的线

1 用手指抵住想要开扣眼的位置，然后用缝针挑大洞眼。

2 在缝针中穿入编织用线，在反面如图将缝针穿过针目。

3 从开扣眼的位置穿出缝针。挑起针目之间的2根渡线。

4 如步骤3的箭头所示穿针，将线向下拉紧。

5 将缝针穿过针目，使缝线移至上方。

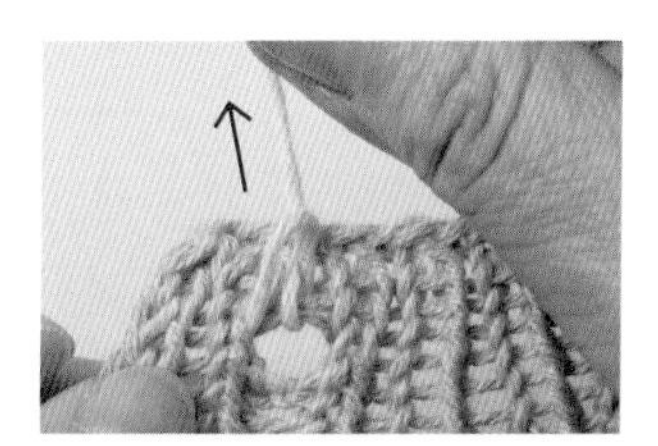

6 挑起2根渡线，将线环挂在针上，再将线向上拉紧。

7 在步骤5的另一侧针目里穿针，将线移至下方。

8 手缝扣眼完成。在织物的反面处理好线头。

● 线头处理

※ 为了便于理解，图中使用了不同颜色的线

1 在缝针中穿入线头，将缝针穿过3~4cm的针目，注意缝线不要露出织物的正面。

2 换个方向，往回穿针1~2cm。

3 紧贴织物表面剪掉多余的线头。

05 棒针编织的婴儿裙

用线 和麻纳卡 Paume <矿物染>

编织方法 p.33

尺寸

0~6个月

婴儿裙的育克部分与p.28斗篷的前34行相同。从育克到下摆编织长长的身片，再加上袖子。可爱小巧的领子只是将开始编织时的单罗纹针织得长一点。在前门襟缝上婴幼儿专用的暗扣带。与钩针作品相比，棒针的一针一行更加细密。虽然对于初学者来说难度稍大了一点，请在慢慢完成的过程中享受一针一针编织带来的乐趣吧！

05 棒针编织的婴儿裙

——> p.32

材料和工具

用线　和麻纳卡　Paume〈矿物染〉原白色（41）260g/11团

用针　棒针5号、4号（带堵头的2根针），5号（4根针或5根针、环形针）

其他　暗扣带 54cm

成品尺寸　胸围58cm、衣长54cm、连肩袖长33.5cm

密度　10cm×10cm面积内：编织花样26.5针、28行

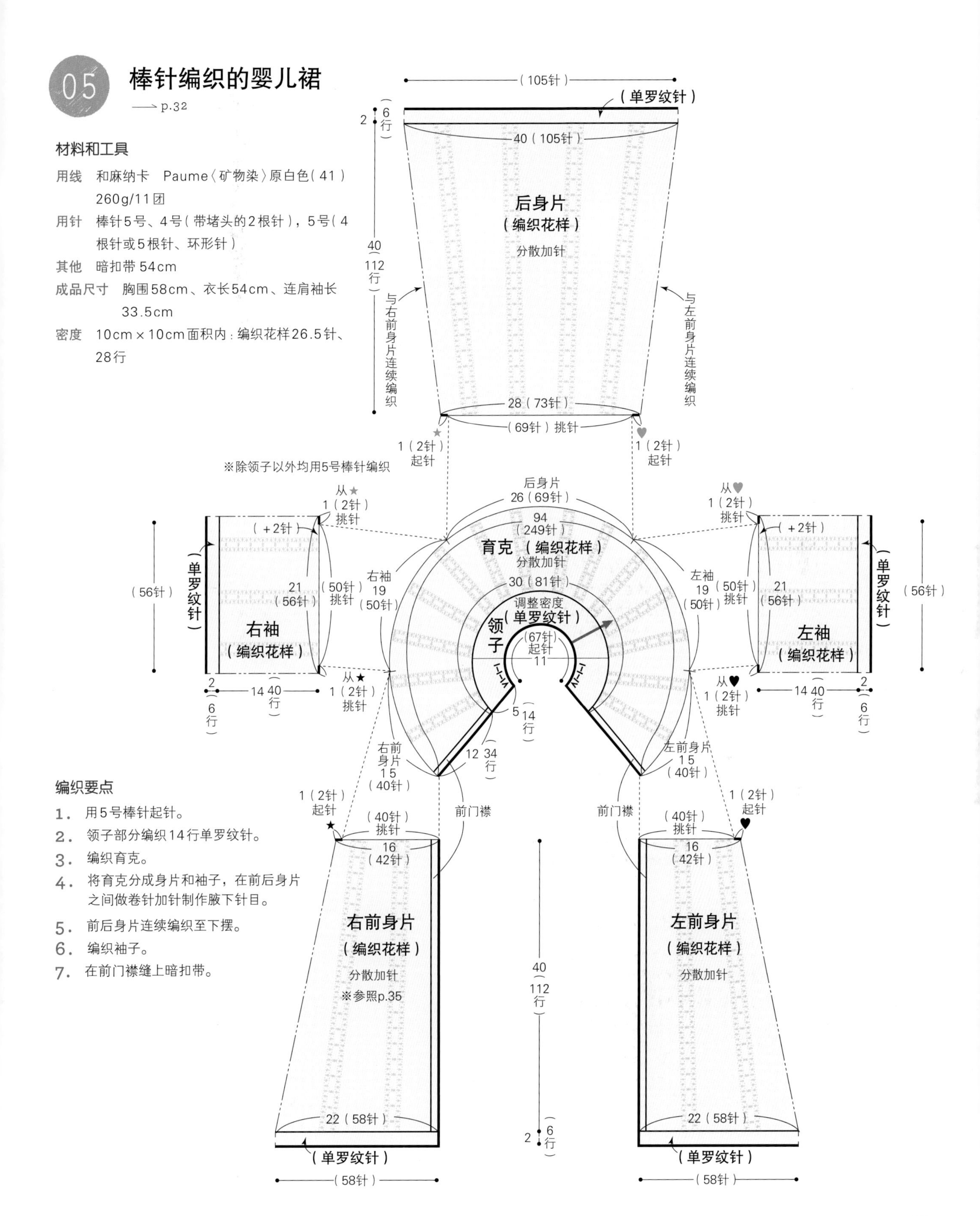

编织要点

1. 用5号棒针起针。
2. 领子部分编织14行单罗纹针。
3. 编织育克。
4. 将育克分成身片和袖子，在前后身片之间做卷针加针制作腋下针目。
5. 前后身片连续编织至下摆。
6. 编织袖子。
7. 在前门襟缝上暗扣带。

05 婴儿裙的编织方法

1 起针

用5号棒针手指挂线起针（→参照 p.14），起67针。针上起好的针目就是领子的第1行。

2 编织领子

领子部分是单罗纹针。用5号棒针编织10行，接着用4号棒针编织4行。边上第1针织滑针（→参照 p.29）。

3 编织育克

换成5号棒针。育克部分织“挂针和扭针”进行加针（→参照 p.30），编织34行。

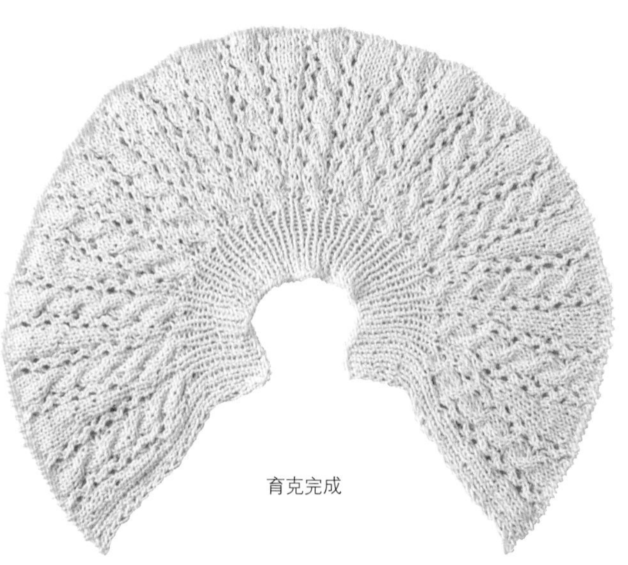

育克完成

育克的符号图

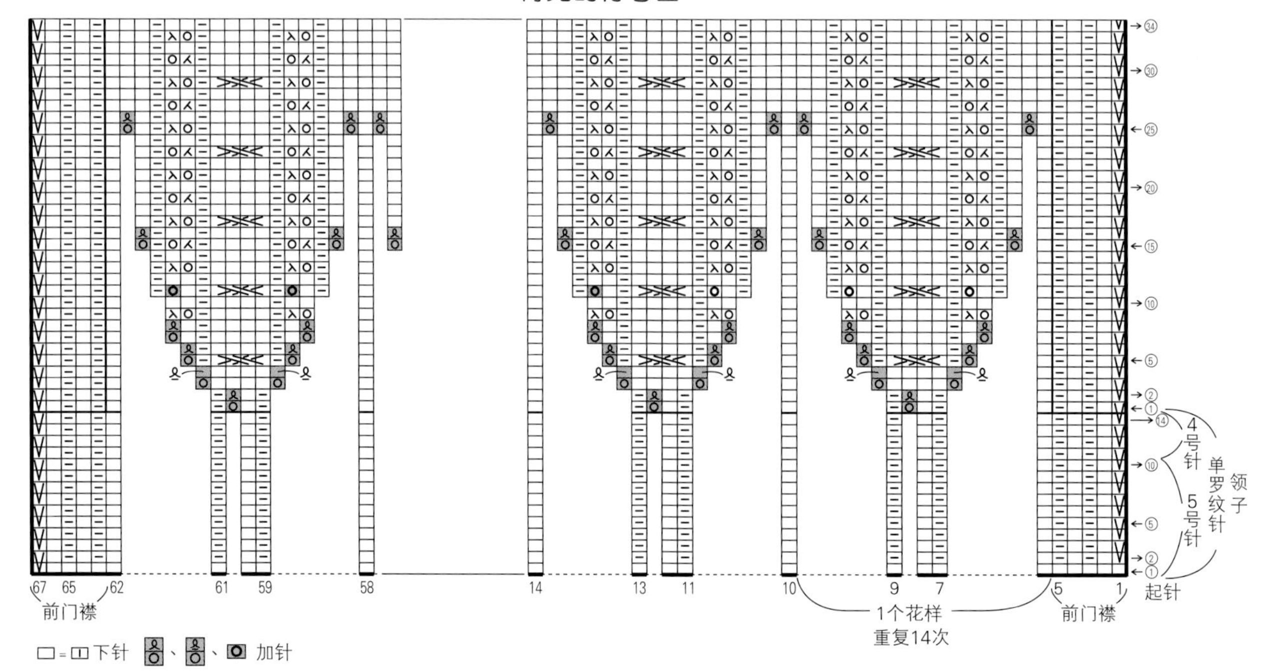

4 在前后身片之间制作腋下针目

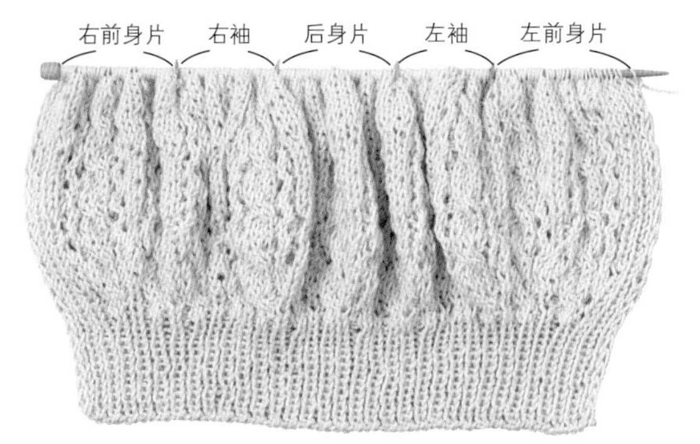

将育克分成身片和袖子，加入针数环

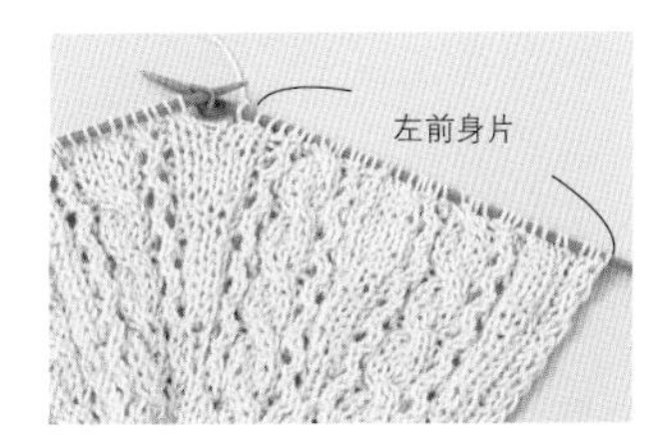

1 首先，从育克部分接着用现有的线编织左前身片的针目。

2 将左袖育克的针目移至另一根棒针（或者另线、防脱别针）上。

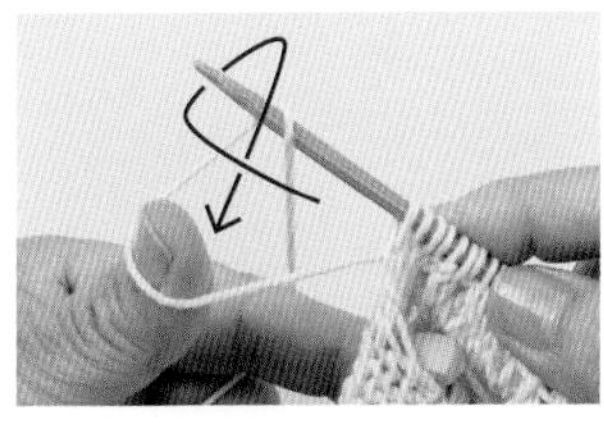

3 如箭头所示挂线，拉紧线头。

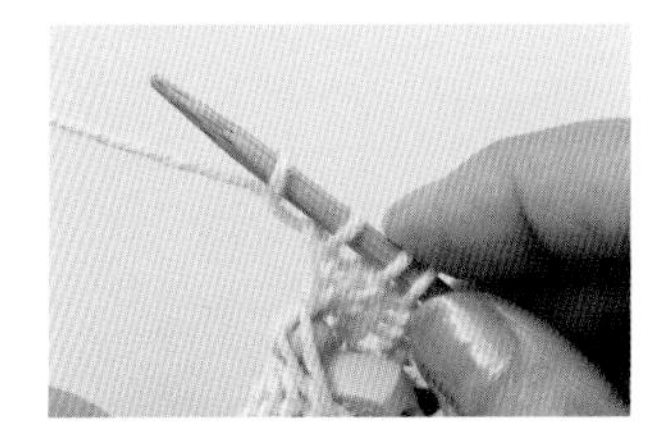

4 1针卷针完成。

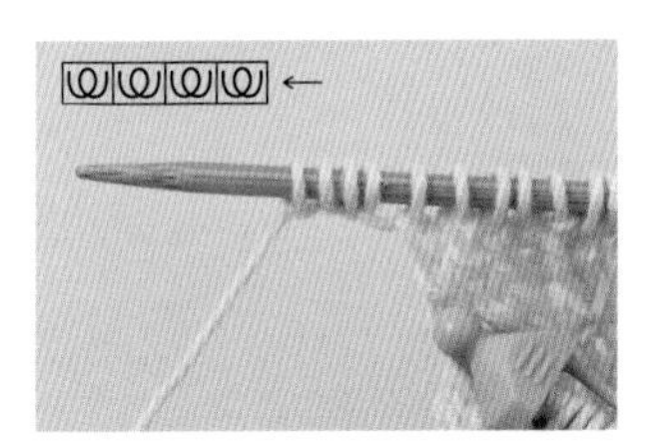

5 织4针卷针作为腋下针目。

6 继续编织后身片的针目。

5 编织前后身片

编织身片的第1行时，将左右两侧的袖育克针目移至防脱别针上，编织腋下针目。在花样和花样之间做“挂针和扭针”的加针，编织112行。下摆编织单罗纹针。编织结束时，按前一行的针目做伏针收针（参照 p.31）。

身片的符号图参照 p.72。

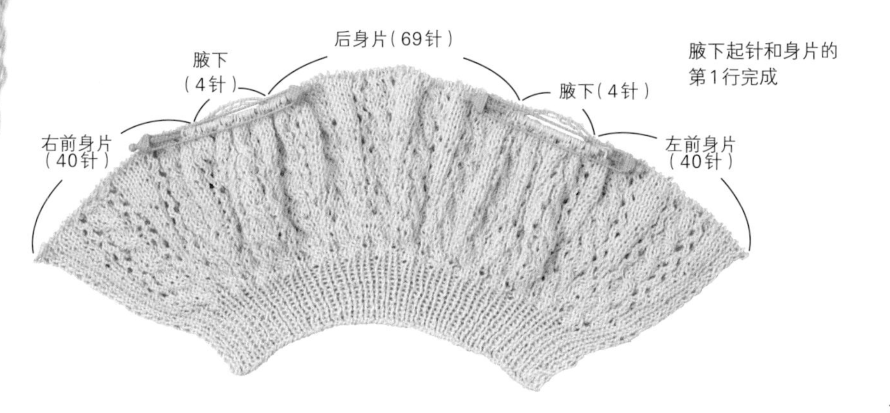

腋下起针和身片的第1行完成

袖子的符号图

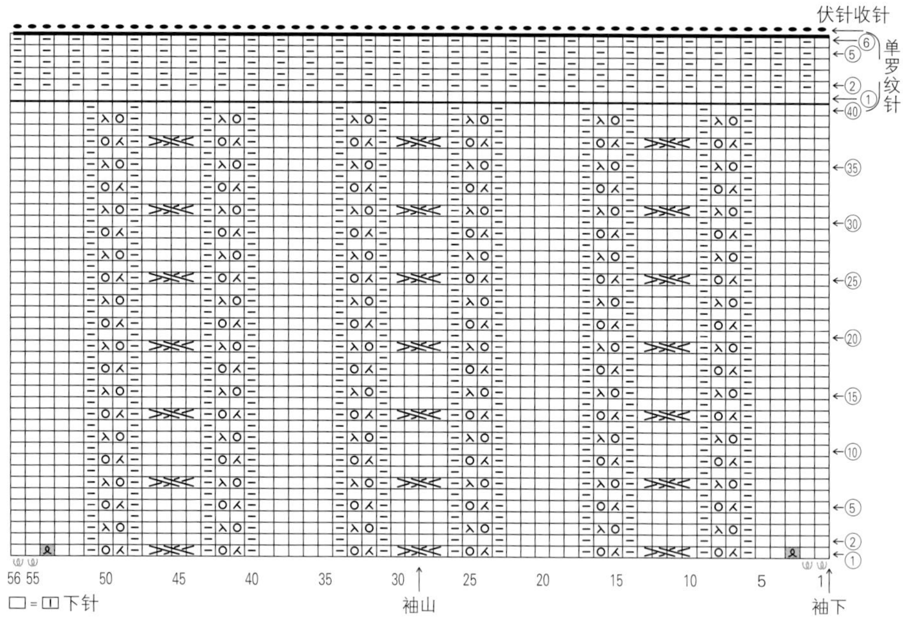

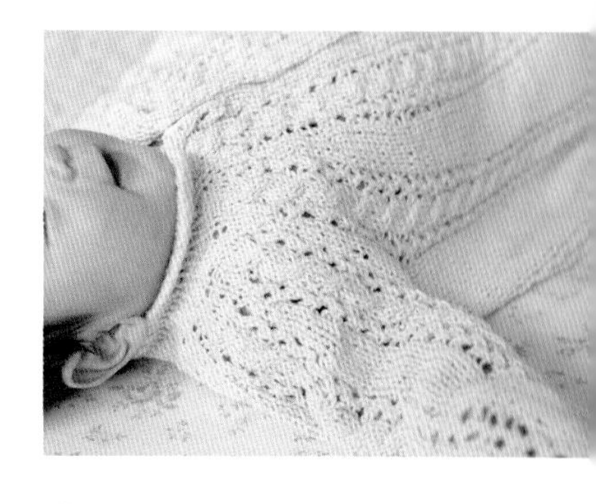

6 编织袖子

从腋下和移至防脱别针上的袖育克挑针，无须加减针编织袖子。因为袖子部分一圈一圈地做环形编织，所以要使用4根（5根）针。袖口编织单罗纹针。编织结束时，按前一行的针目做伏针收针（→参照p.31）。

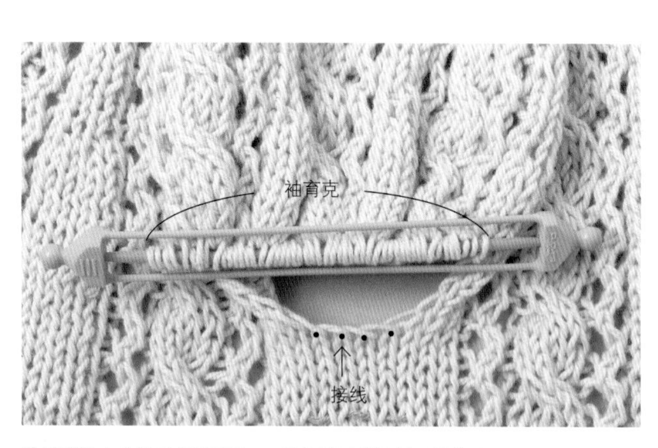

防脱别针上的针目是袖育克。•是从腋下挑取针目的位置。

● 袖子的挑针 ※为了便于理解，图中使用了不同颜色的线

1 在肋部的腋下针目里插入棒针，将线拉出。

2 腋下接线完成。因为卷针的针目变小了，所以插入棒针时要看清楚。

3 在腋下和育克的交界处挑针时，如图所示分别在腋下与身片之间的渡线、袖子与身片育克之间的渡线里插入棒针，使其呈扭转状态。

4 在步骤3挑起的针目里织2针并1针，使腋下和育克之间的交界处不留出小洞。第3针完成。

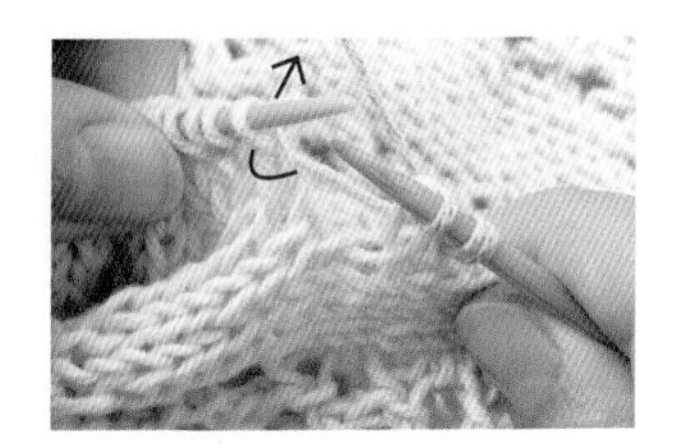

5 接着编织移至防脱别针上的育克针目。

6 按育克部分的花样继续编织。

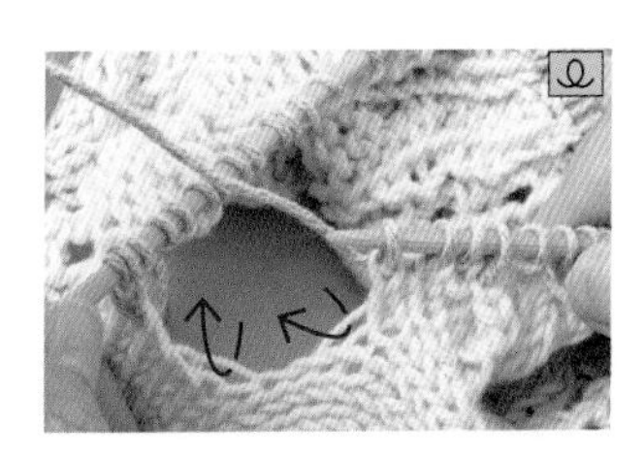

7 育克针目编织完成。按步骤3、4的相同要领，为了使腋下和育克的交界处不留下小洞，扭转着挑起渡线后织2针并1针。

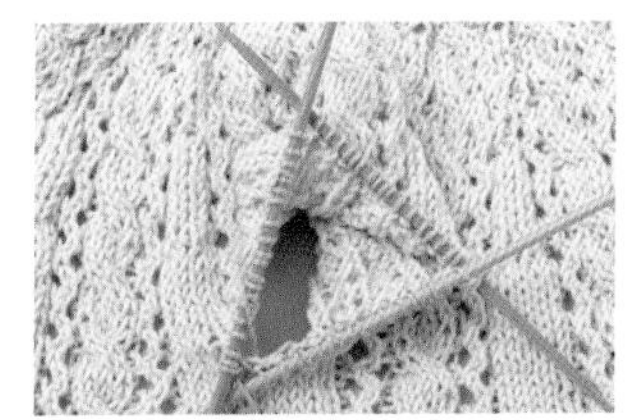

8 再在腋下挑2针，袖子的第1行环形编织就完成了。参照p.36的符号图继续编织。

● 环形编织的收针方法

※ 为了便于理解，图中使用了不同颜色的线

1 做伏针收针，将最后一针从棒针上取下来后断线。拉动线圈，将线头拉出。

2 将线头穿入缝针，在最后一行编织起点的第2针里插入缝针。

3 再将缝针往回插入最后的针目里。

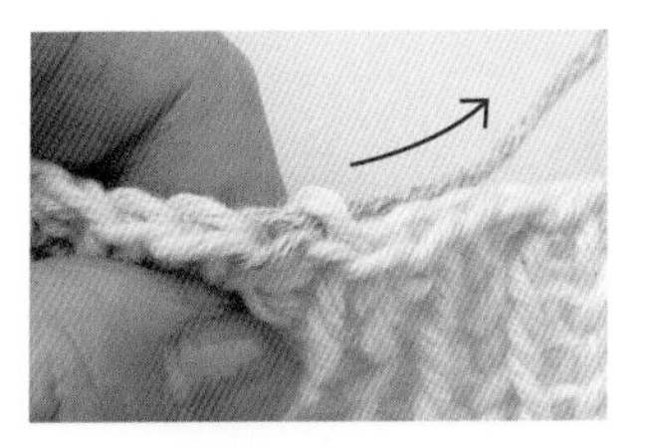

4 拉动线头，最后一行的编织终点和编织起点就连接在一起了。在织物的反面做好线头处理(→参照 p.31)。

⑥ 在前门襟缝上暗扣带

这里缝上了质地偏薄、不伤肌肤的暗扣带，代替纽扣或拉链。根据前门襟的长度，在暗扣和暗扣之间剪断，将布带的两端往内折进1cm左右后缝好。

当然，如果不善于手缝，也可以改成纽扣。

※ 为了便于理解，图中使用了不同颜色的线

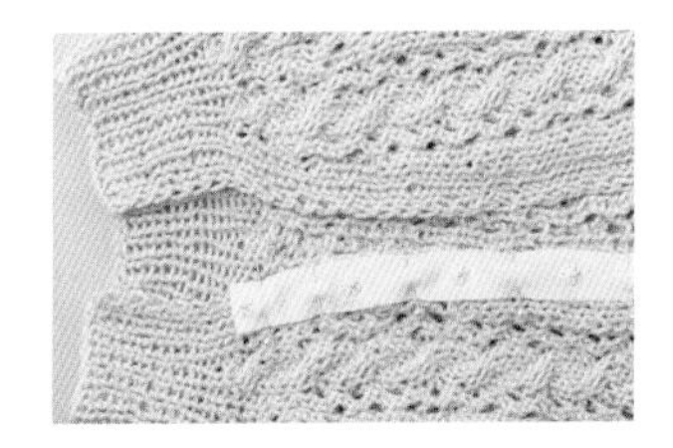

1 用珠针将暗扣带呈凸起状的一侧缝在右前门襟上。

2 在织物的1针内侧插入缝针做卷针缝，注意针脚不要露出正面。

3 将凹面的布暗扣带扣在刚才缝好的凸面暗扣上，再用珠针将上层布带固定在左前门襟上。

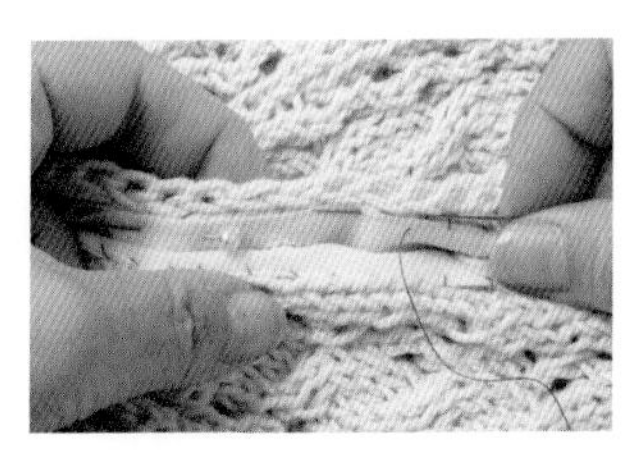

4 在暗扣扣好的状态下，做卷针缝将凹面暗扣带的布带缝在左前门襟的反面。

06 钩针编织的婴儿背心

用线 Puppy NEW 4PLY

编织方法 p.40

尺寸

0~6个月

婴儿自身体温调节能力差，背心正适合保暖，是日常必备单品。将身片的叠门加深，再将身片加长，大小可以完全包裹住婴儿，即使稍微动一下也不会敞开。当然也可以将身片改短一点，调整一下叠门宽度，就可以穿很久。作为礼物送人，我想对方也会很开心的。不妨多编织几件不同颜色和长度的背心吧！

07 钩针编织的婴儿背心

用线 Puppy PIMA BASIC

编织方法 p.40

2颗大大的纽扣非常别致。因为是棉线，当作夏天的法式袖罩衫穿着也非常可爱。在天气微凉的时候，简单地披上一件就可以起到保暖的作用。这是一款四季均可穿着的单品。与p.38作品的编织图解相同，只是长度不同，而且因为线的粗细关系，尺寸也稍有变化。

尺寸

6~12个月

12~18个月

钩针编织的婴儿背心

—— p.38

钩针编织的婴儿背心

—— p.39

材料和工具

用线 ⑥Puppy NEW 4PLY 蓝色(405)135g/4团

⑦Puppy PIMA BASIC 灰色(604)110g/3团

用针 钩针4/0号

其他 ⑦直径2cm的纽扣2颗、直径1.8cm的纽扣1颗

成品尺寸

⑥胸围58cm、衣长34cm、连肩袖长15.5cm

⑦胸围62cm、衣长27.5cm、连肩袖长17cm

密度 10cm×10cm面积内：编织花样⑥25针、15行，⑦23针、13.5行

编织要点

1. 起针

在领窝位置钩锁针起针(→参照p.10)，起88针。

2. 钩织育克

育克部分钩织15行，注意加针的位置。

3. 在前后身片的交界处编织腋下针目

→参照p.25

将育克分成身片和袖子，在前后身片之间接线钩15针锁针作为腋下针目。

4. 钩织身片→参照p.26

从育克的最后一行接着按右前育克→右腋下→后育克→左腋下→左前育克的顺序挑针，钩织前后身片至下摆。

5. 收尾

⑥在前端的指定位置接线，钩锁针制作细绳。/⑦分别在背心左前门襟的反面和右前门襟的正面缝上纽扣(→参照p.21)。

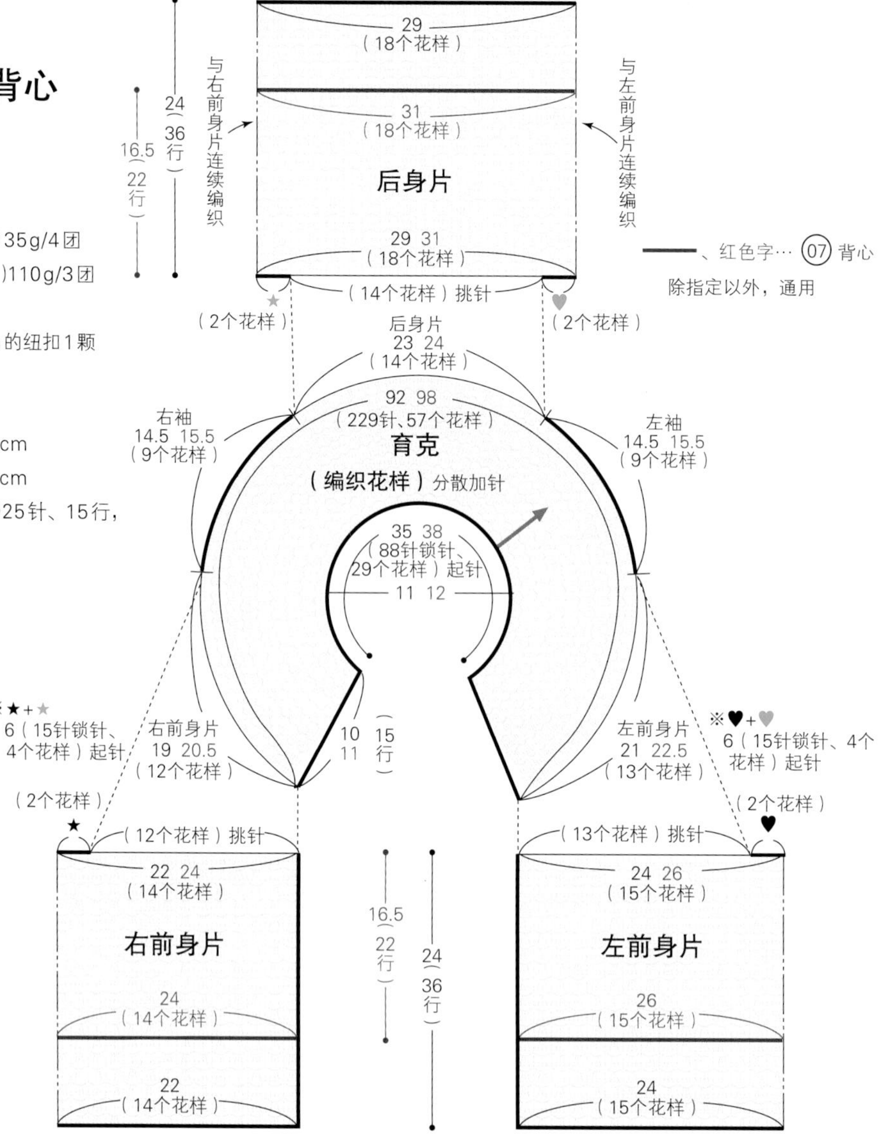

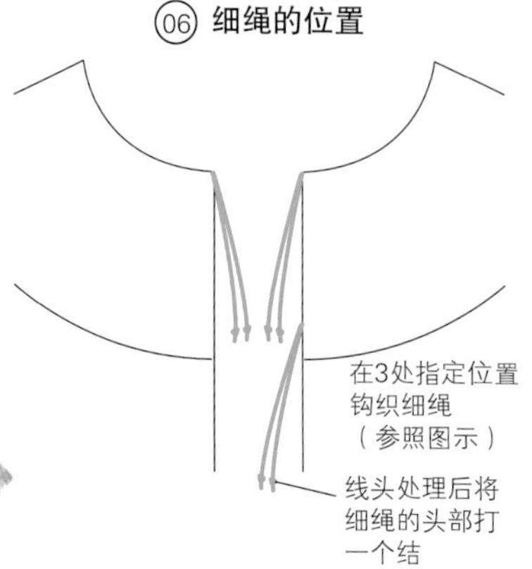

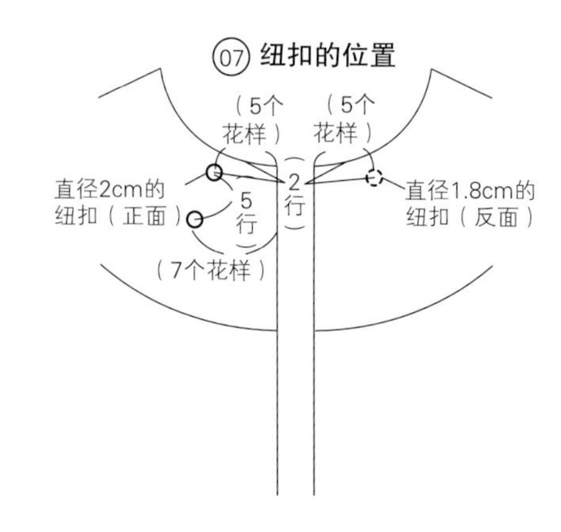

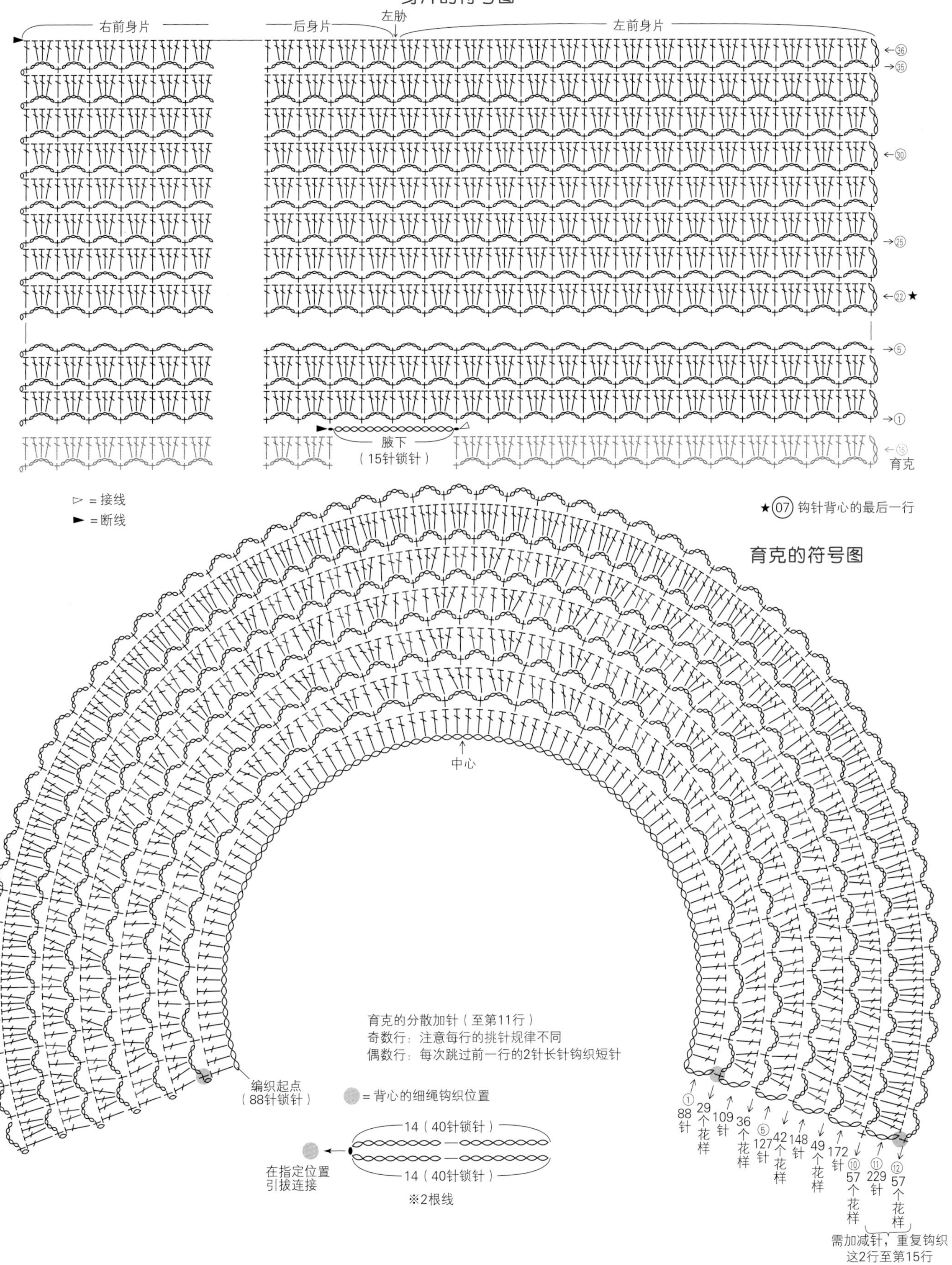
身片的符号图
右前身片
后身片
左肋
左前身片
←㊱
→㉟
←㉚
→㉕
←㉒★
→⑤
→①
腋下
（15针锁针）
←⑮
育克
▷ = 接线
► = 断线
★07 钩针背心的最后一行
育克的符号图
中心
育克的分散加针（至第11行）
奇数行：注意每行的挑针规律不同
偶数行：每次跳过前一行的2针长针钩织短针
编织起点
（88针锁针）
= 背心的细绳钩织位置
14（40针锁针）
14（40针锁针）
在指定位置
引拔连接
※2根线
① 88针
29个花样
109针
36个花样
⑤ 127针
42个花样
148针
49个花样
172针
⑩ 57个花样
⑪ 229针
⑫ 57个花样
需加减针，重复钩织
这2行至第15行

08 钩针编织的开衫

用线 Puppy NEW 4PLY
编织方法 p.44

尺寸

12~18个月

18~24个月

只有3颗纽扣的短款开衫，既容易穿脱，也方便叠穿，真想在衣橱里备上这么一件。材质柔软、亲肤，色调自然，无论是男宝宝还是女宝宝都非常合适。从领窝开始往下编织，衣长和袖长都可以简单地做调整。请按自己喜欢的尺寸编织吧！

09 钩针编织的开衫

用线 Puppy NEW 4PLY

编织方法 p.44

将 p.42 的开衫改成了白色和藏青色的海军风条纹花样。特别是大大的白色纽扣，还可以让宝宝从 2~3 岁开始练习自己扣扣子。在前门襟换色编织时，采用了特别的技巧，渡线自然，不做边缘编织也非常漂亮。

 尺寸

- 12~18个月
- 18~24个月

08 09 钩针编织的开衫

—→ p.42、p.43

材料和工具

用线　Puppy　NEW 4PLY ⑧浅驼色（452）155g／4团
　　　⑨藏青色（421）75g、白色（402）75g／各2团

用针　钩针4/0号

其他　⑧直径1.8cm的纽扣3颗　⑨直径1.8cm的纽扣5颗

成品尺寸　胸围68cm、衣长29cm、连肩袖长34.5cm

密度　10cm×10cm面积内：编织花样25针、15行

编织要点

1. 起针
在领窝位置钩锁针起针（→参照 p.10），起76针。

2. 钩织育克
育克部分钩织17行，注意加针的位置。

3. 在前后身片的交界处制作腋下针目→参照 p.25
将育克分成身片和袖子，在前后身片之间接线钩23针锁针作为腋下针目。

4. 钩织身片→参照 p.26
从育克的最后一行接着按右前育克→右腋下→后育克→左腋下→左前育克的顺序挑针，钩织前后身片至下摆。

5. 钩织袖子→参照 p.27
从腋下锁针和袖育克挑针钩织袖子。

6. 缝上纽扣→参照 p.21
在开衫的右门襟缝上纽扣。

袖子的符号图

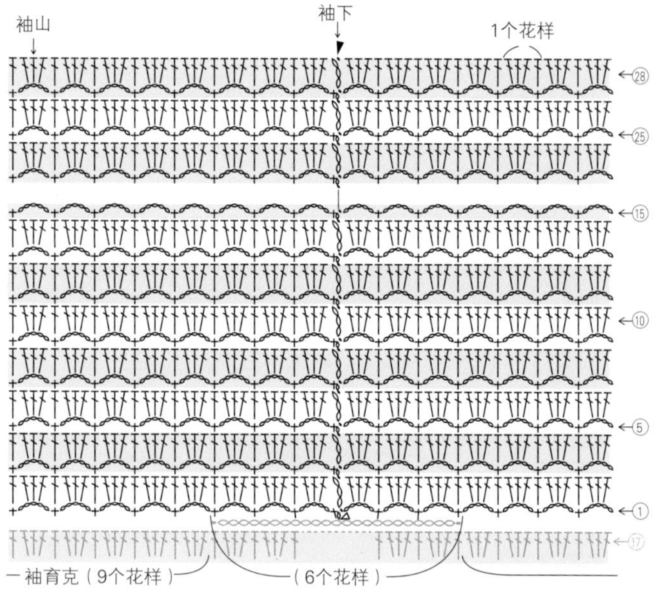

▷ = 接线
► = 断线

⑨ 配色 □ = 藏青色 □ = 白色

34（21个花样）

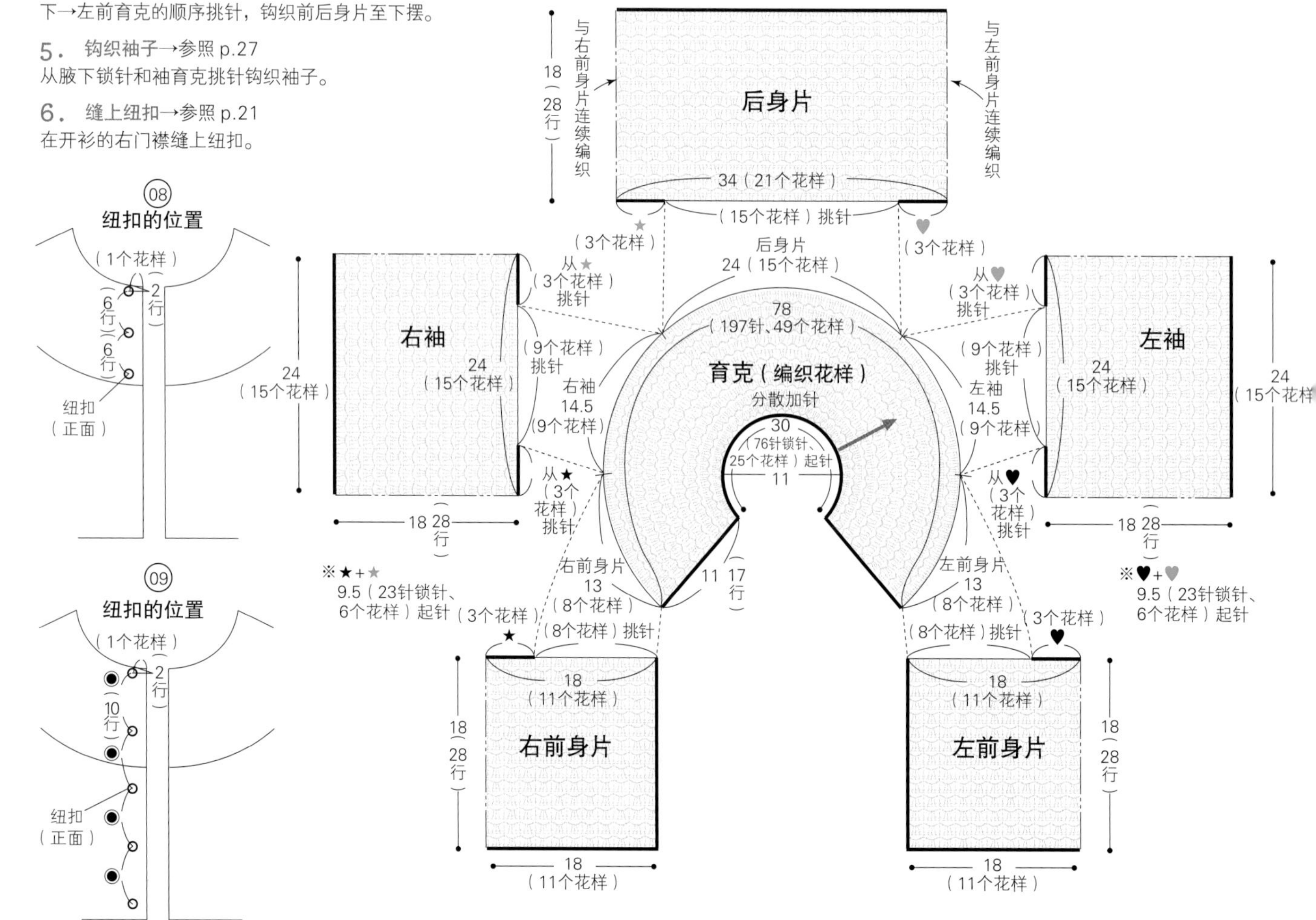

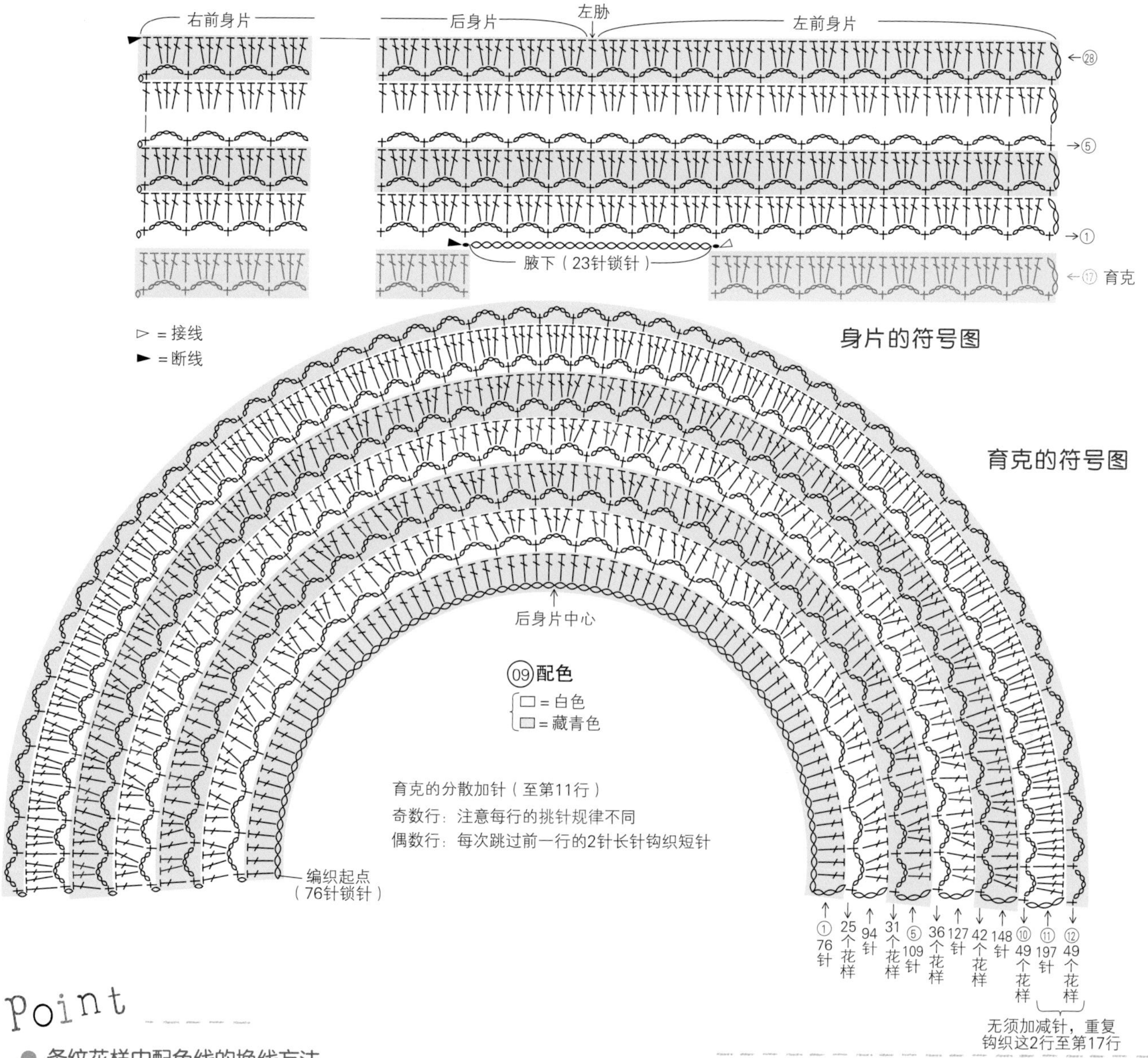

Point

● 条纹花样中配色线的换线方法

在前门襟（织物的一端）更换配色线

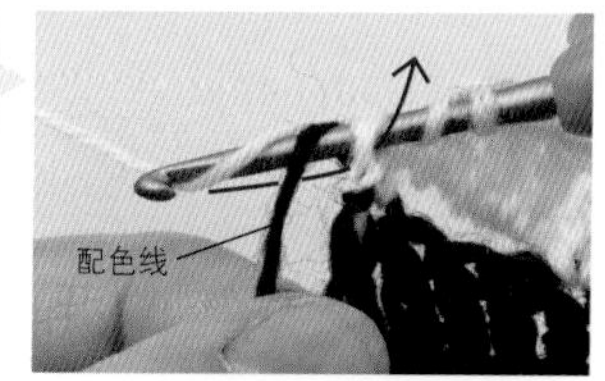

1 将配色线从后往前挂在钩针上，然后将钩长针的线拉出。

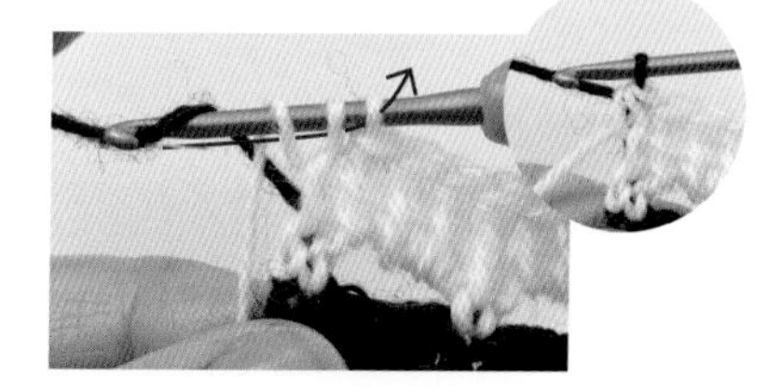

2 做长针的最后一次引拔时，将正在钩织的线从前往后挂在钩针上，改用配色线引拔。配色线换线完成。

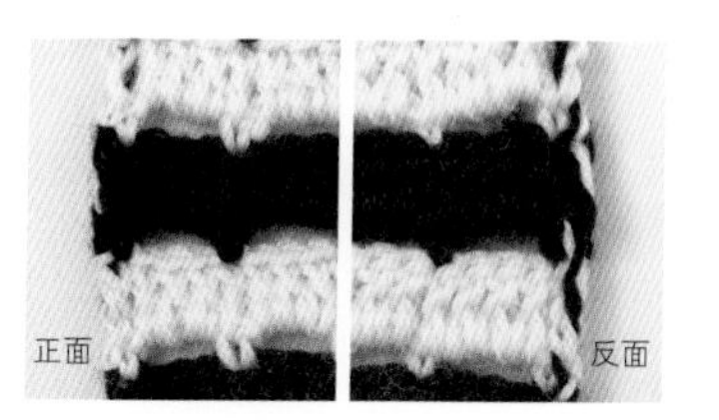

3 钩边上的长针时纵向渡线，将配色线绕在里面。

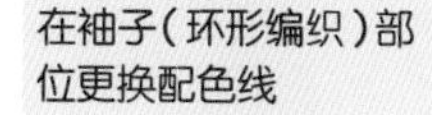

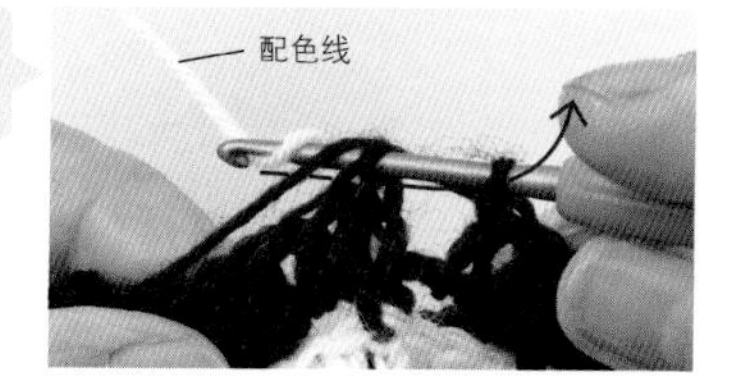

1 这是一行的编织终点。做长针的最后一次引拔时，将正在钩织的线挂在钩针上，改用配色线引拔。

2 配色线换线完成。

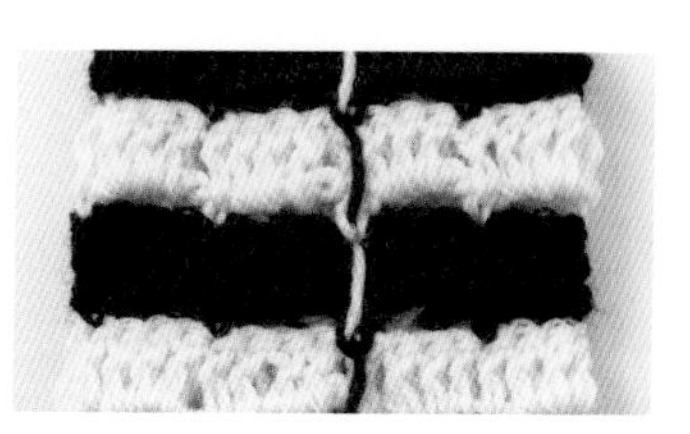

3 这是织物的反面。配色线呈纵向渡线。

10 棒针编织的背心

用线　和麻纳卡　Paume <矿物染>

编织方法　p.68

尺寸

0~6个月

6~12个月

这款衣长较短的背心，袖口和下摆都呈喇叭形，宽松的轮廓显得非常可爱。完全包住肩头的法式袖，正适合天气微凉的时候穿。如果编织得大一点，再大点的宝宝也能穿上。前开襟和无袖的设计，不仅容易穿脱，也便于宝宝活动。

11 棒针编织的厚开衫

用线 DARUMA Airy Wool Alpaca

编织方法 p.48

用羊驼绒混纺的柔软线材编织的开衫既舒适，又轻柔、暖和。主体使用混色纱线编织，边缘用藏青色线编织，给人一种清爽利索的感觉。针织开衫与宽大厚重的外套不同，方便携带，解开纽扣还可以用作午睡时的小盖毯，所以非常实用。

尺寸

6~12个月

12~18个月

11 棒针编织的厚开衫

—→ p.47

材料和工具

用线 DARUMA Airy Wool Alpaca 白色和藏青色混色(10)100g/4团、藏青色(9)10g/1团

用针 棒针5号(带堵头的2根针)、4根针(或5根针、环形针)

其他 直径1.8cm的纽扣6颗

成品尺寸 胸围55cm、衣长30cm、连肩袖长约31cm

密度 10cm×10cm面积内：编织花样28针、31行

编织要点

1. 起针

手指挂线起针(→参照 p.14)，起67针。针上起好的针目就是第1行。

2. 编织育克→参照 p.29、p.30

参照图示编织6行单罗纹针，接着按编织花样编织34行。边上一针织滑针，在左前门襟留出扣眼。

3. 编织身片→参照 p.35

将育克分成身片和袖子，袖育克休针备用。前后身片连续编织，一边编织第1行一边在前后身片之间做卷针加针制作腋下针目。编织前后身片至下摆，注意扣眼的位置。下摆编织单罗纹针，结束时按前一行的针目做伏针收针(→参照 p.31)。

4. 编织袖子→参照 p.36、p.37

袖子从腋下和休针的袖育克部分挑针编织。袖口编织单罗纹针，结束时按前一行的针目做伏针收针。

5. 缝上纽扣→参照 p.21

对齐扣眼位置在右前门襟缝上纽扣。

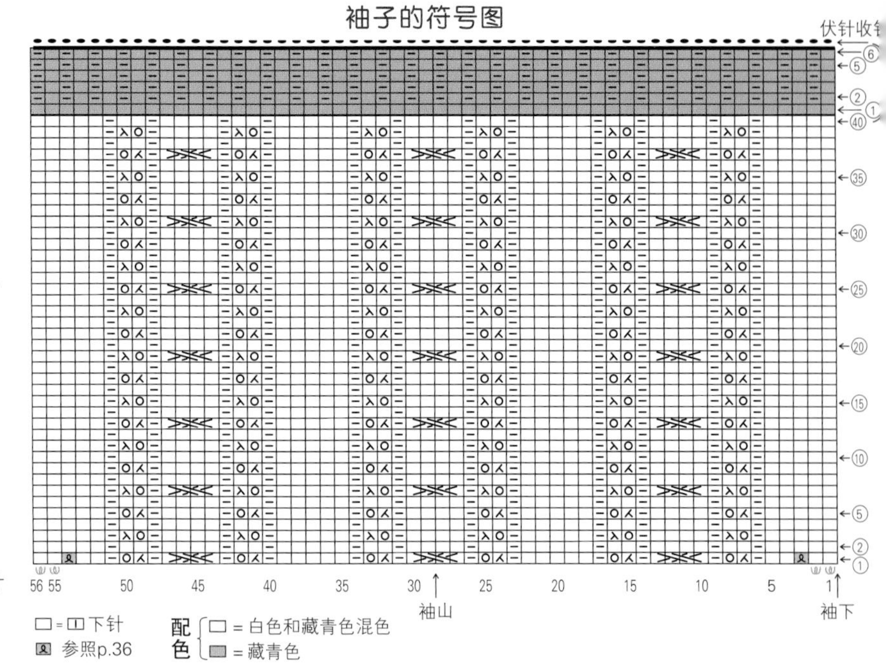

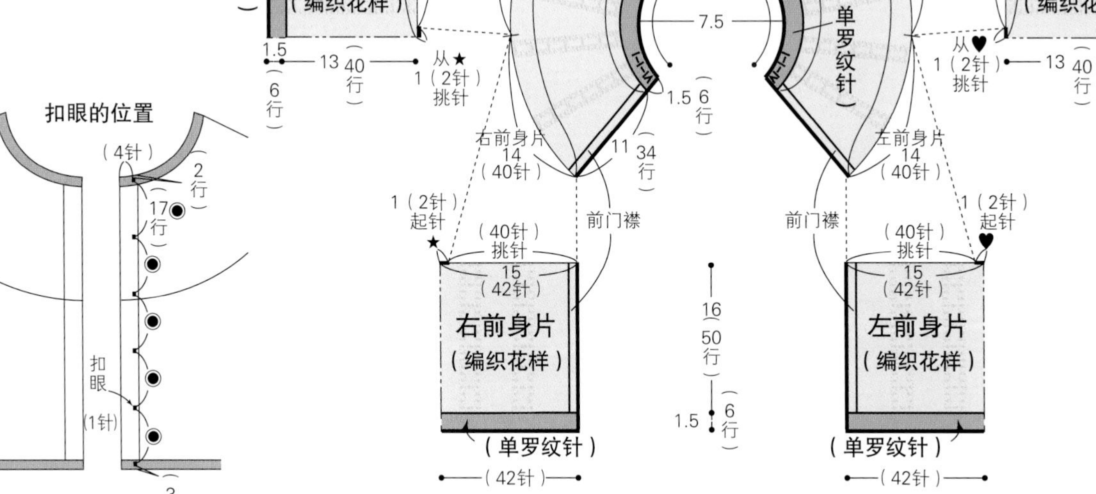

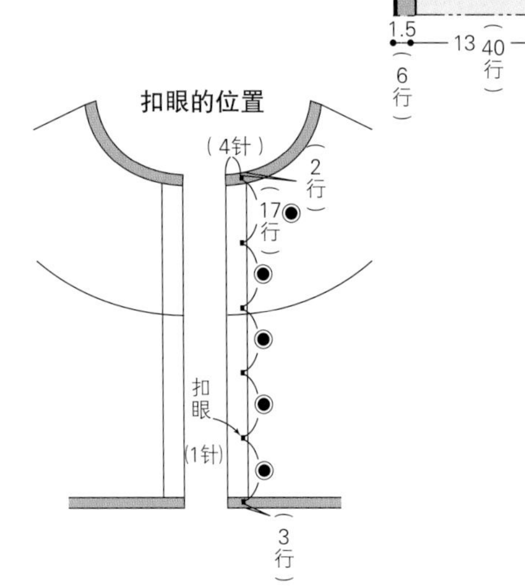

育克的符号图

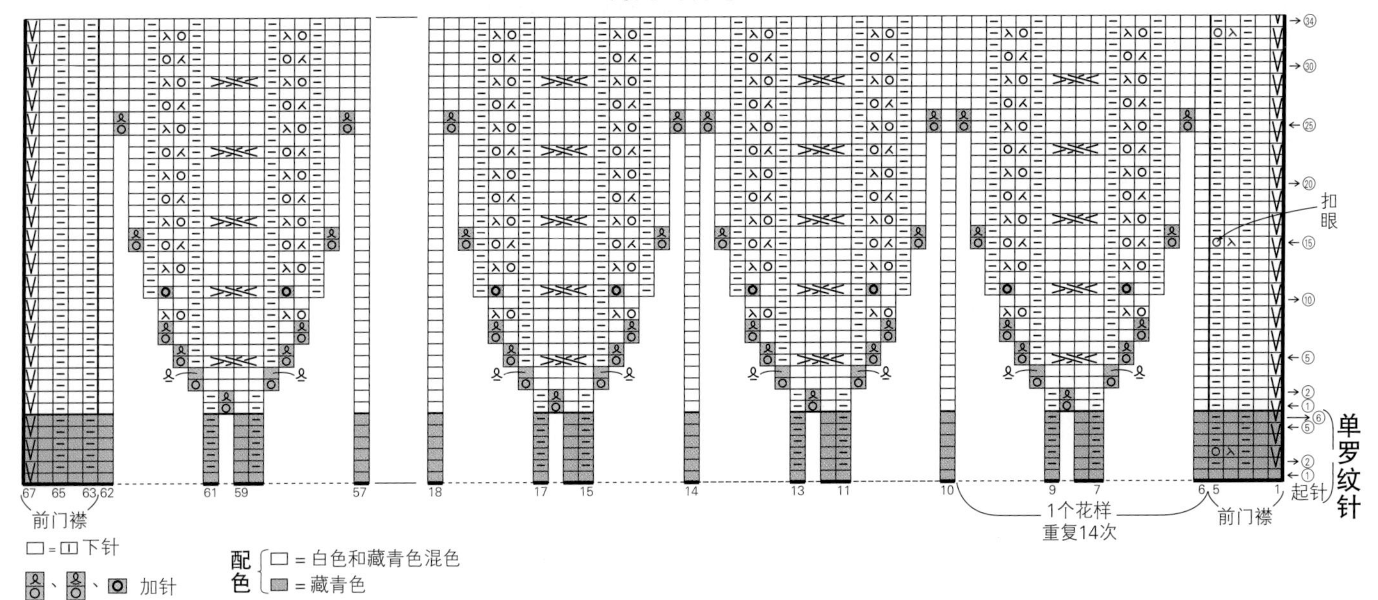

身片的符号图

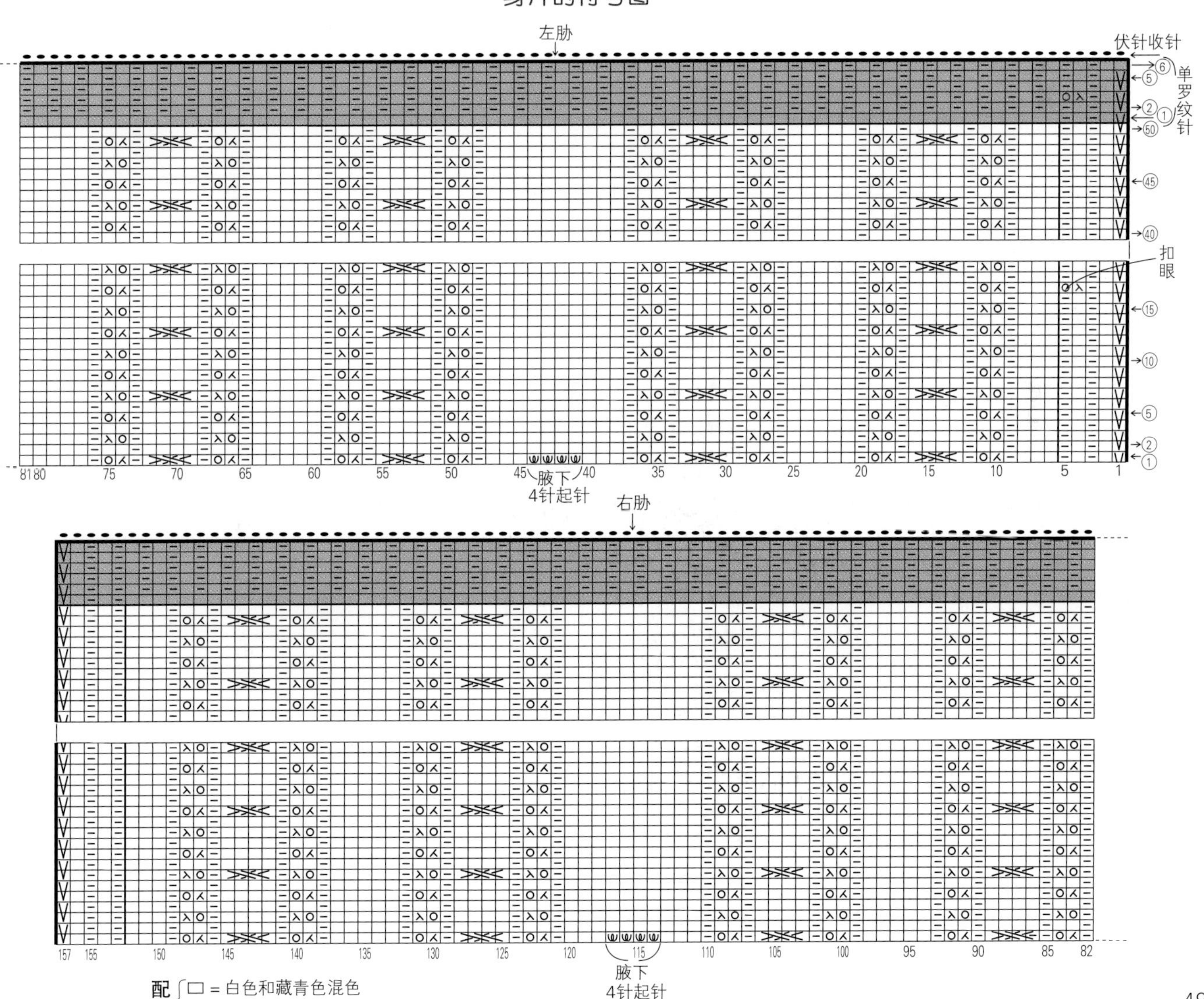

12 带口袋的无袖连衣裙和帽子

用线　DARUMA　Shetland Wool

编织方法　无袖连衣裙　p.52／帽子　p.70

尺寸

6~12个月

12~18个月

在小小的育克部分加入了编织花样，后开口设计，穿脱方便。裙子部分环形编织做下针编织，不过在两侧肋部加入了上针，这样加针位置更加清晰明了。编长方形的花样织片缝在前身片左右两侧作为口袋，针脚不必太细密。配套的帽子将帽口翻折起来，给人暖暖的感觉。

13 无袖连衣裙和带小绒球的帽子

用线 DARUMA Shetland Wool

编织方法 无袖连衣裙 p.52／帽子 p.70

将p.50的无袖连衣裙加长，改成了稍大一点的宝宝裙。因为没有前后差，也可以将后开口穿在前面，组扣会成为一大亮点。也可以不加长，作为长款背心穿着。帽子在藏青色线编织的主体上加入了亮眼的红色，比纯色编织的帽子更富于童趣。

尺寸

- 12~18个月
- 18~24个月

带口袋的无袖连衣裙

——→ p.50

无袖连衣裙

——→ p.51

材料和工具

用线　DARUMA　Shetland Wool

⑫灰色(8)130g/3团　⑬藏青色(5)135g/3团

用针　棒针5号、4号(带堵头的2根针)，5号(4根针或5根针、环形针)

其他　直径1.8cm的纽扣2颗

成品尺寸

⑫胸围72cm、衣长39.5cm、连肩袖长16.5cm

⑬胸围72cm、衣长44.5cm、连肩袖长16.5cm

密度　10cm×10cm面积内：下针编织20针、31行

编织要点

1. 用4号棒针起针。
2. 按变化的罗纹针和编织花样编织育克。
3. 将育克连接成环形，身片部分做下针编织，袖口部分编织单罗纹针。
4. 袖口做伏针收针。身片继续编做下针编织，一边加针一边编织袖窿。
5. 环形编织前后裙片。
6. 在后开口缝上纽扣，制作扣眼(手缝扣眼)。
7. 编织并缝上口袋(按个人喜好)。

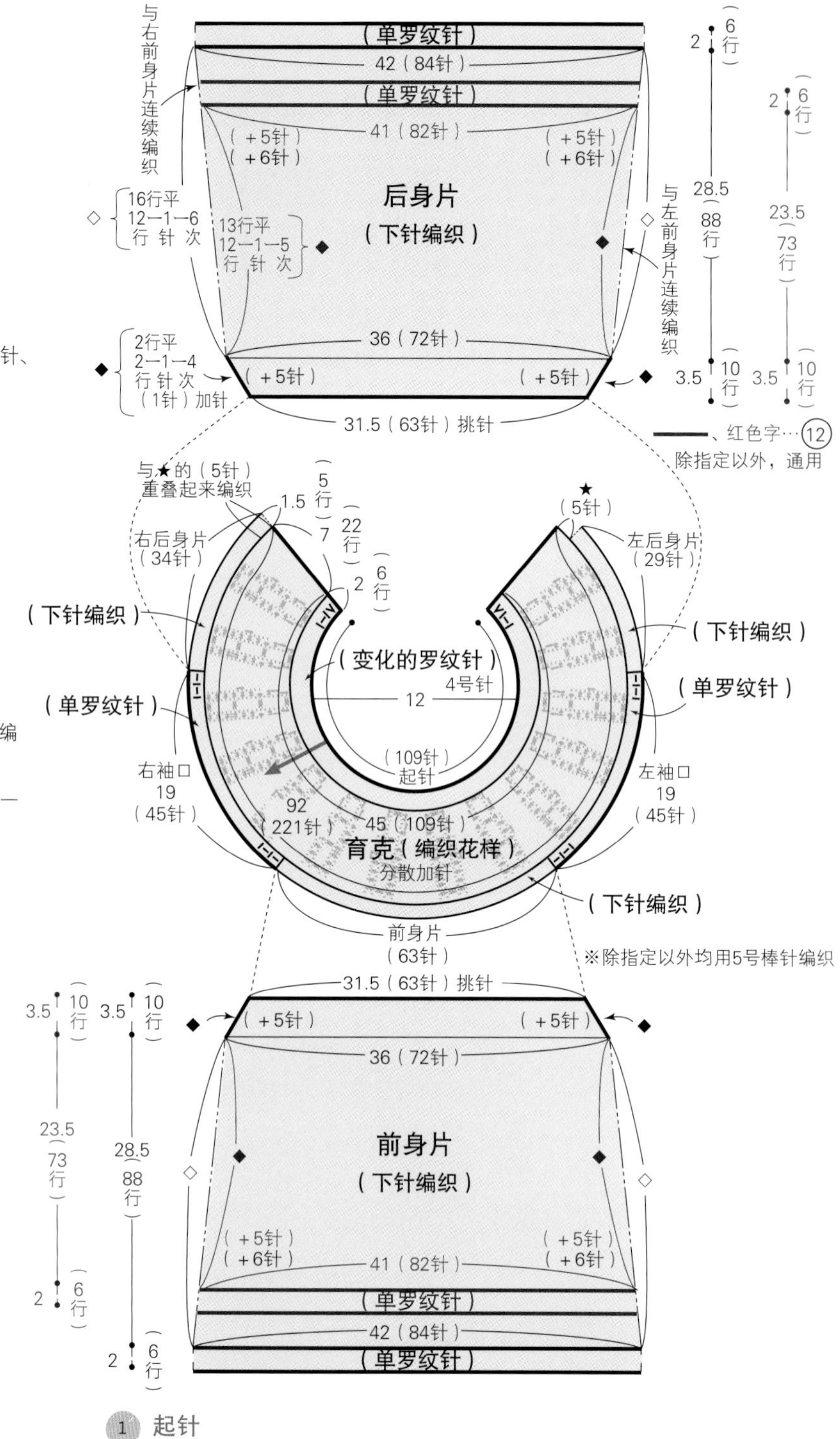

1 起针

用4号棒针手指挂线起针(→参照p.14)，起109针。针上起好的针目就是第1行。

2 按变化的罗纹针和编织花样编织育克

参照图示，用4号棒针编织6行变化的罗纹针。边上的第1针(后开口)织滑针(→参照p.29)。换成5号棒针，继续按编织花样编织。在花样和花样之间做“挂针和扭针加针”(→参照p.30)，编织22行。

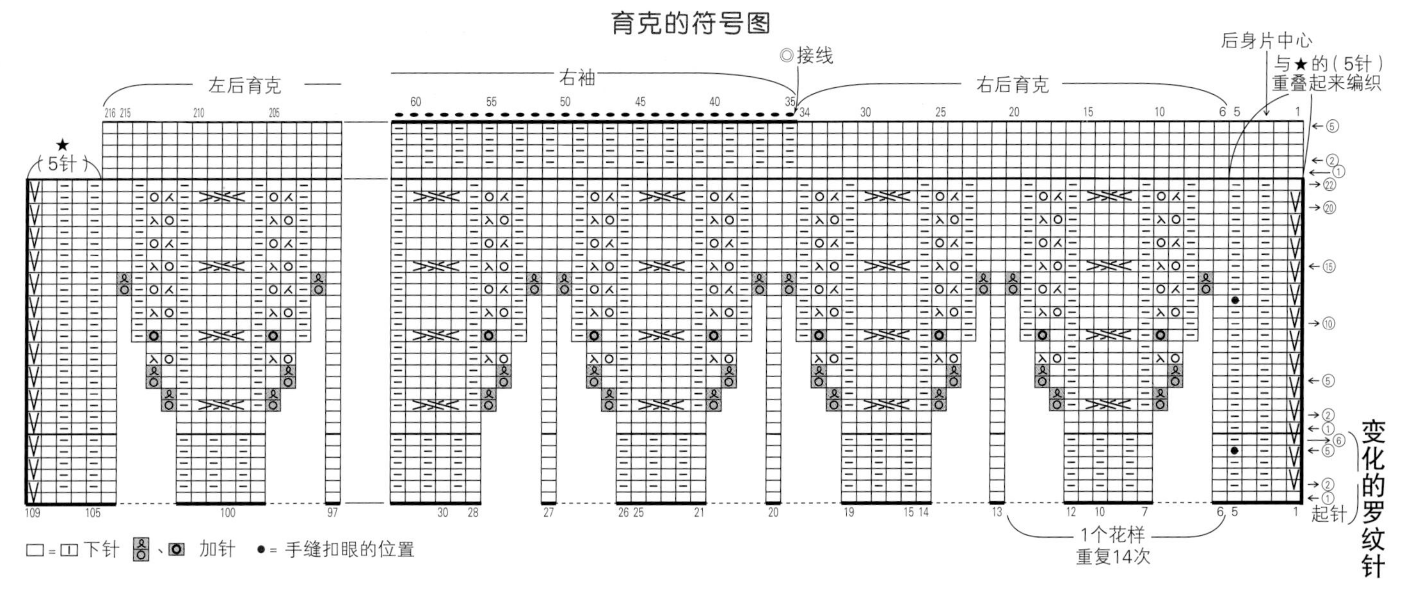

※为了便于理解，环形编织的5行使用了不同颜色的线

后身片　下针编织

右袖口
单罗纹针

左袖口
单罗纹针

◎

◉接线

前身片　下针编织

3 环形编织育克

将育克分成身片和袖子。将后开口的5针重叠起来编织，将育克连接成环形。身片部分做下针编织，袖口部分按单罗纹针继续编织。

● 将左右后开口的针目重叠起来编织

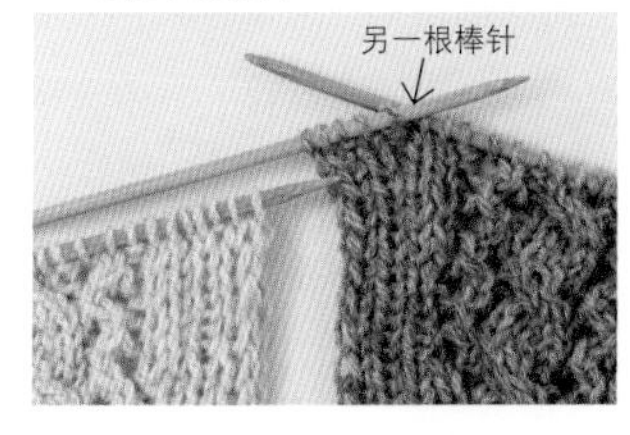

1 浅驼色是育克第22行的编织终点，右后开口是上层。将灰色线边上的5针移至另一根棒针上。

※为了便于理解，图中使用了不同颜色的线

5针

2 将右后开口放在前面，左后开口放在后面，重叠着拿好。在上下两层的针目里一起插入棒针编织。

4 前后身片分开来编织袖窿

袖口做伏针收针。接着，前后身片一边在符号图（→p.54）所示位置做袖窿的加针一边编织10行下针编织。袖窿的边上第1针织滑针，加针时做"挂针和扭针加针"（→参照p.30）。

◉接线→左袖口（45针）做伏针收针→后身片编织10行　◎接线→右袖口（45针）做伏针收针→前身片编织10行

● 左袖口做伏针收针 ※为了便于理解，图中使用了不同颜色的线

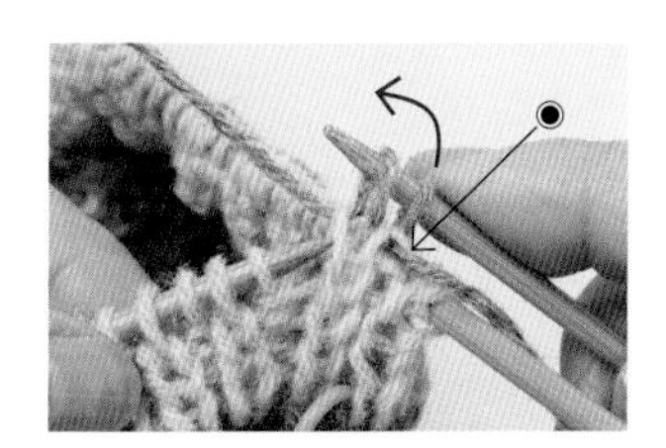

1 从◉接线，左袖口的单罗纹针按前一行的针目做伏针收针（→参照p.31）。

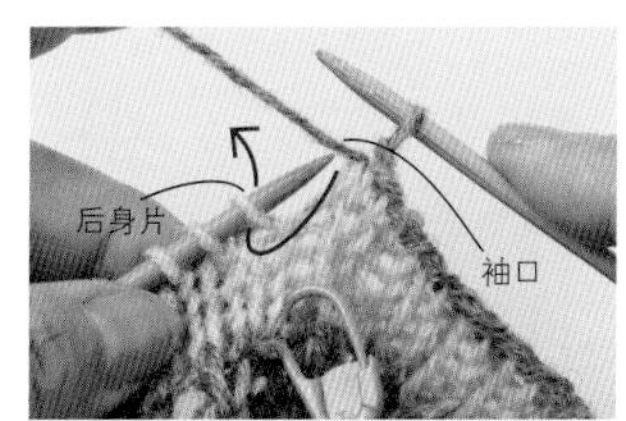

2 伏针收针至袖口的第45针，接着编织后身片。

● 后身片第1行做下针编织

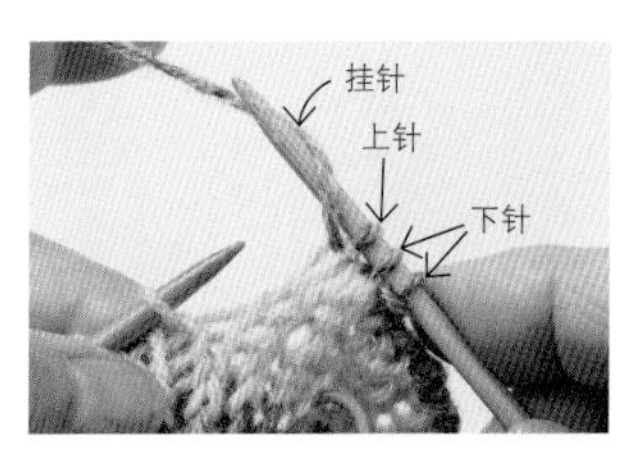

3 编织边上的3针后挂针。

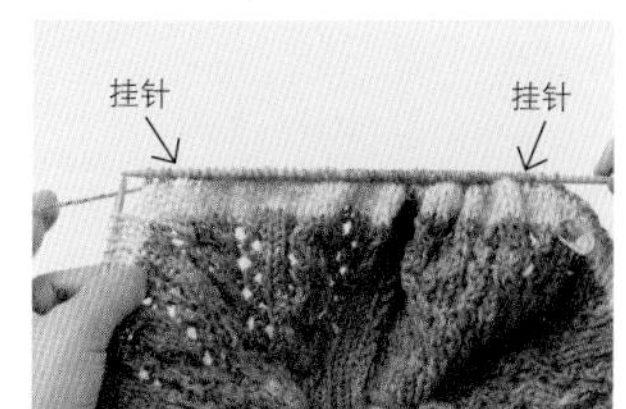

4 后身片织完了1行。挂针在下一行织成扭针。从第2行开始边上的1针织滑针。

5 环形编织裙子部分

在前后身片边上的针目里织上针的左上2针并1针，接着前后身片连起来环形编织裙子部分。

从第2行开始，裙子左、右侧边的针目织上针。以侧边的上针为记号，在两侧加针。

● 在后身片和前身片边上的针目里织2针并1针 ※为了便于理解，图中使用了不同颜色的线

1 将右棒针边上的1针移至左棒针上。

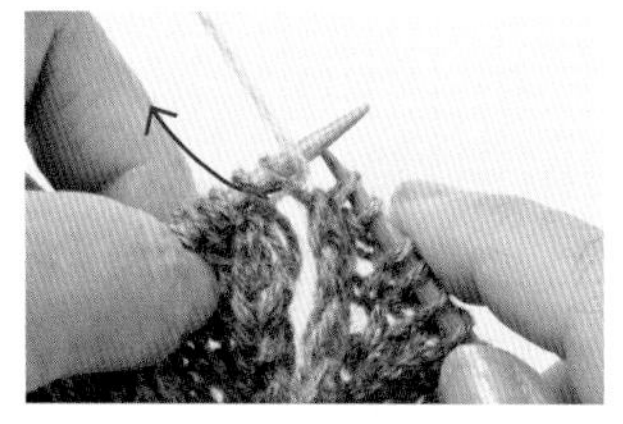

2 将线放到前面，如箭头所示在左棒针的2个针目里插入棒针织上针。

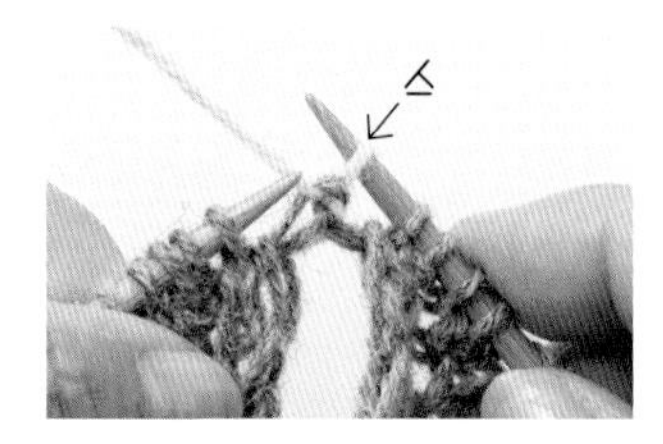

3 上针的左上2针并1针完成。这一针将作为裙子侧边的记号。

4 继续编织下针编织。另一侧边也按相同要领编织。

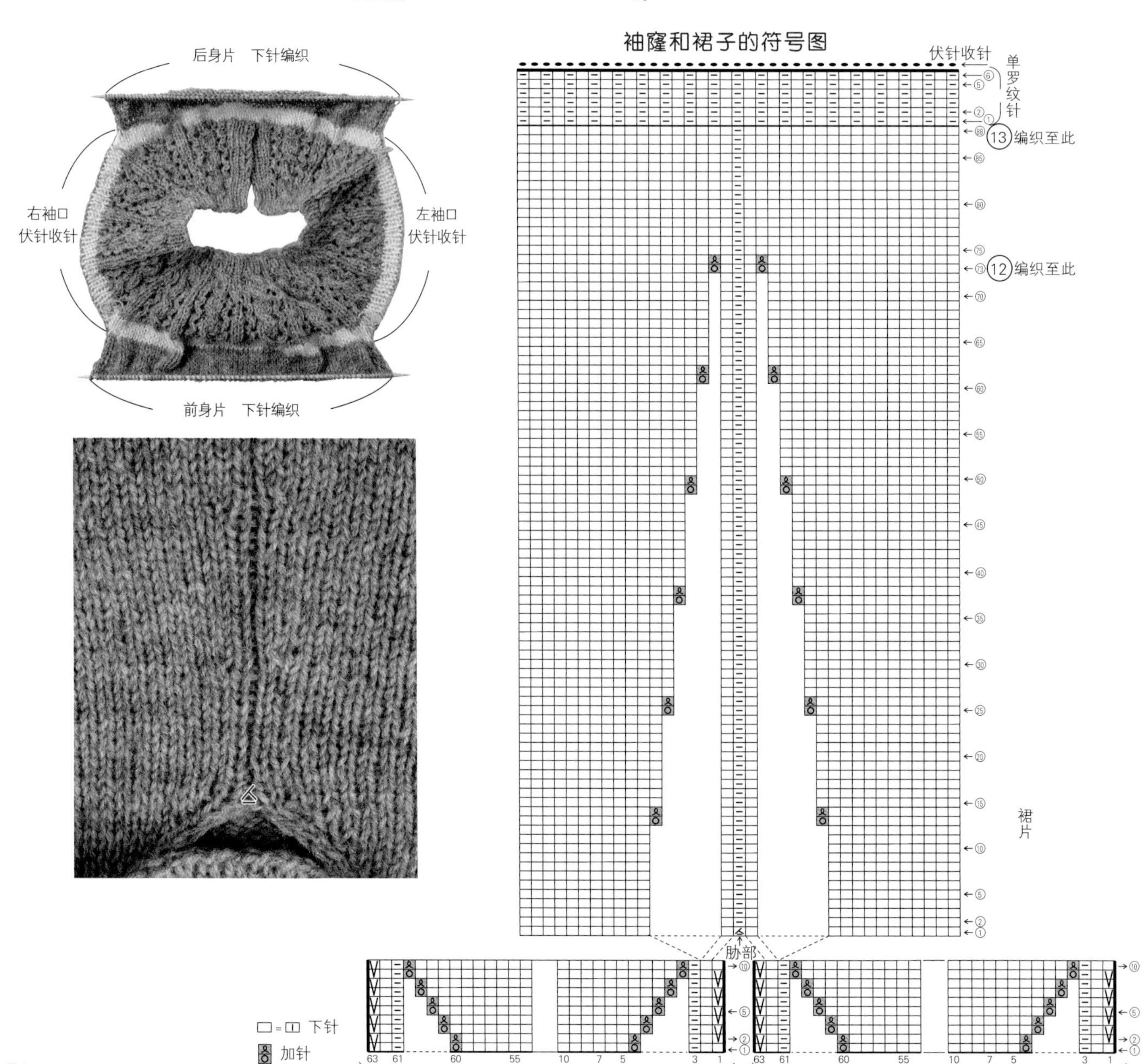

6 在左右后开口缝上纽扣，制作扣眼

在左后开口缝上纽扣，
在右后开口制作扣眼。
纽扣的缝法→参照 p.21
手缝扣眼→参照 p.31

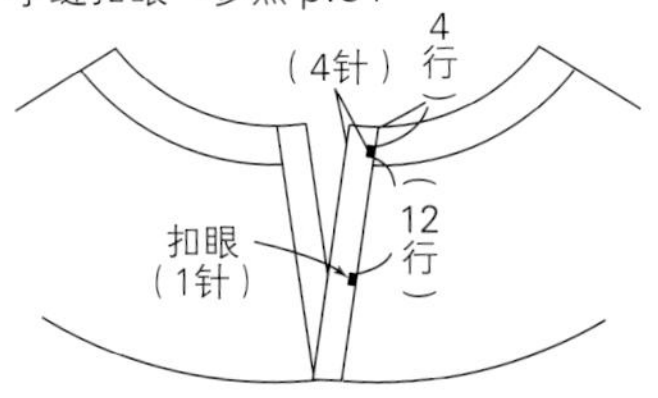

7 缝上口袋

口袋从袋口一侧手指挂线起针（→参照 p.14），参照右图编织2片织片。然后用蒸汽熨斗熨烫。

口袋的符号图

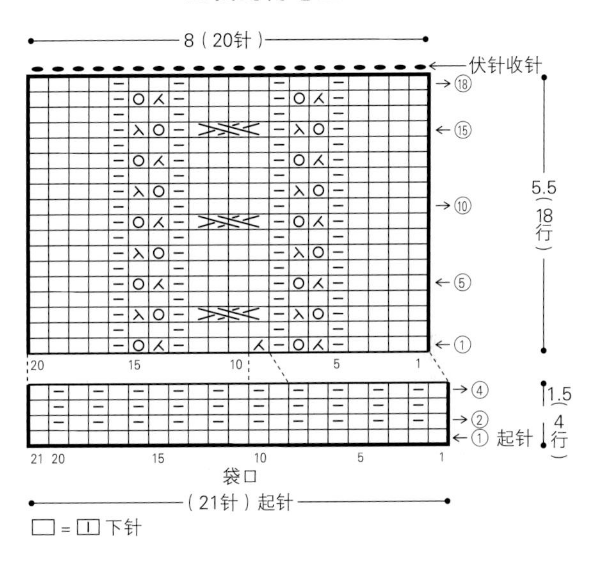

● 口袋的缝法

※为了便于理解，图中使用了不同颜色的线

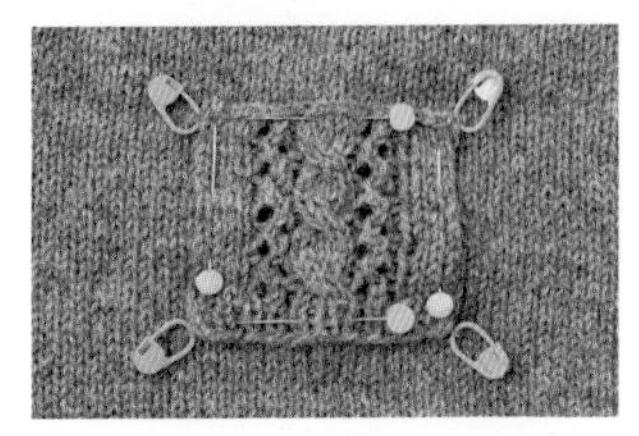

1 在前裙片的缝口袋位置做上记号，放上口袋织片后用珠针固定。

2 将编织用线穿入缝针，在口袋边上的1针内侧进行缝合，针脚无须太细密。

Point   帽子的编织要点

→ p.50、p.51

● 帽顶的编织起点

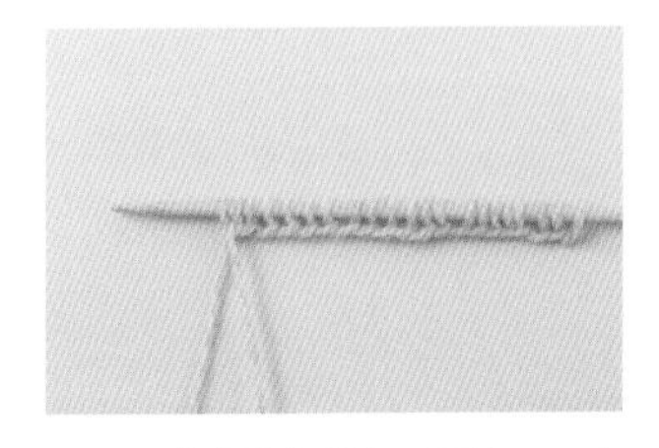

1 手指挂线起针（→参照 p.14），起21针。

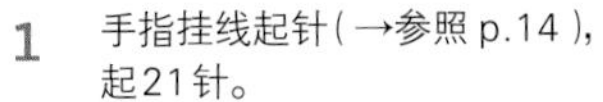

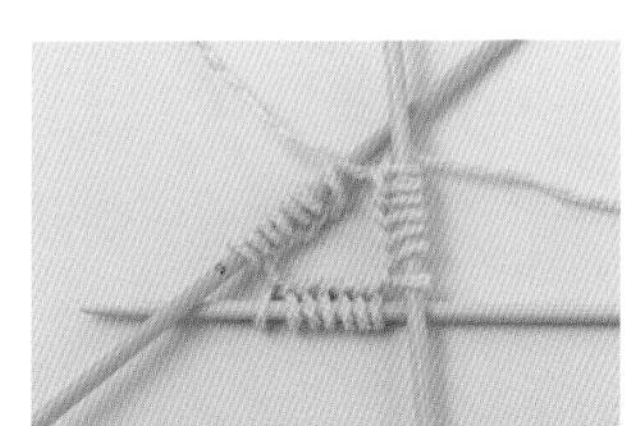

2 将起好的针目平均分至3根棒针上，注意针目不要拧转。

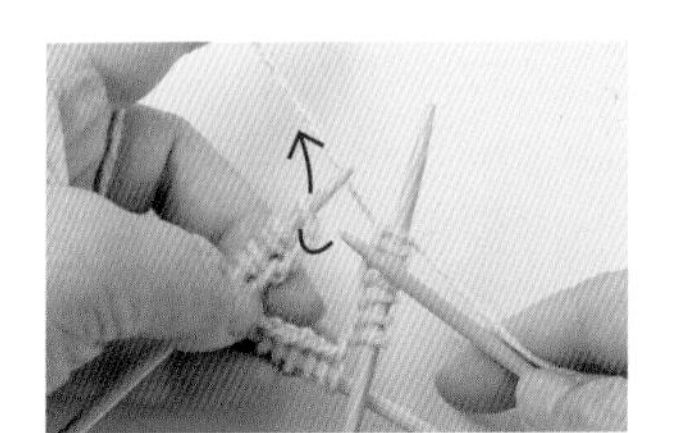

3 用第4根棒针插入起始的针目，开始编织第2行。

4 参照符号图（→p.70），用4根针继续编织。

● 收紧帽顶的针目

※为了便于理解，图中使用了不同颜色的线

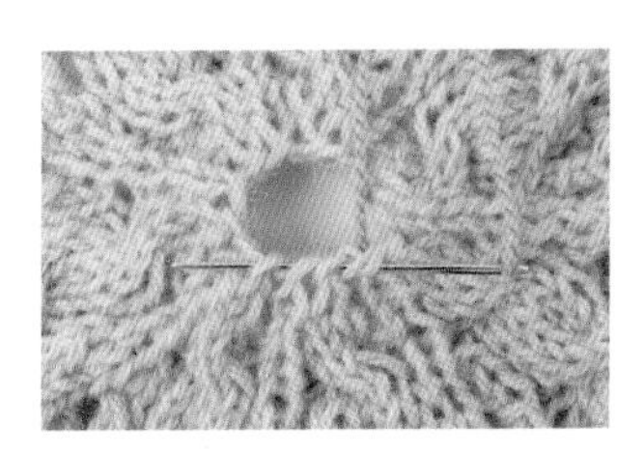

1 将编织用线穿入缝针，再将缝针穿过起针时的每个针目。

2 在帽顶的针目里穿入2圈线后拉紧。最后在反面处理好线头（→参照 p.31）。

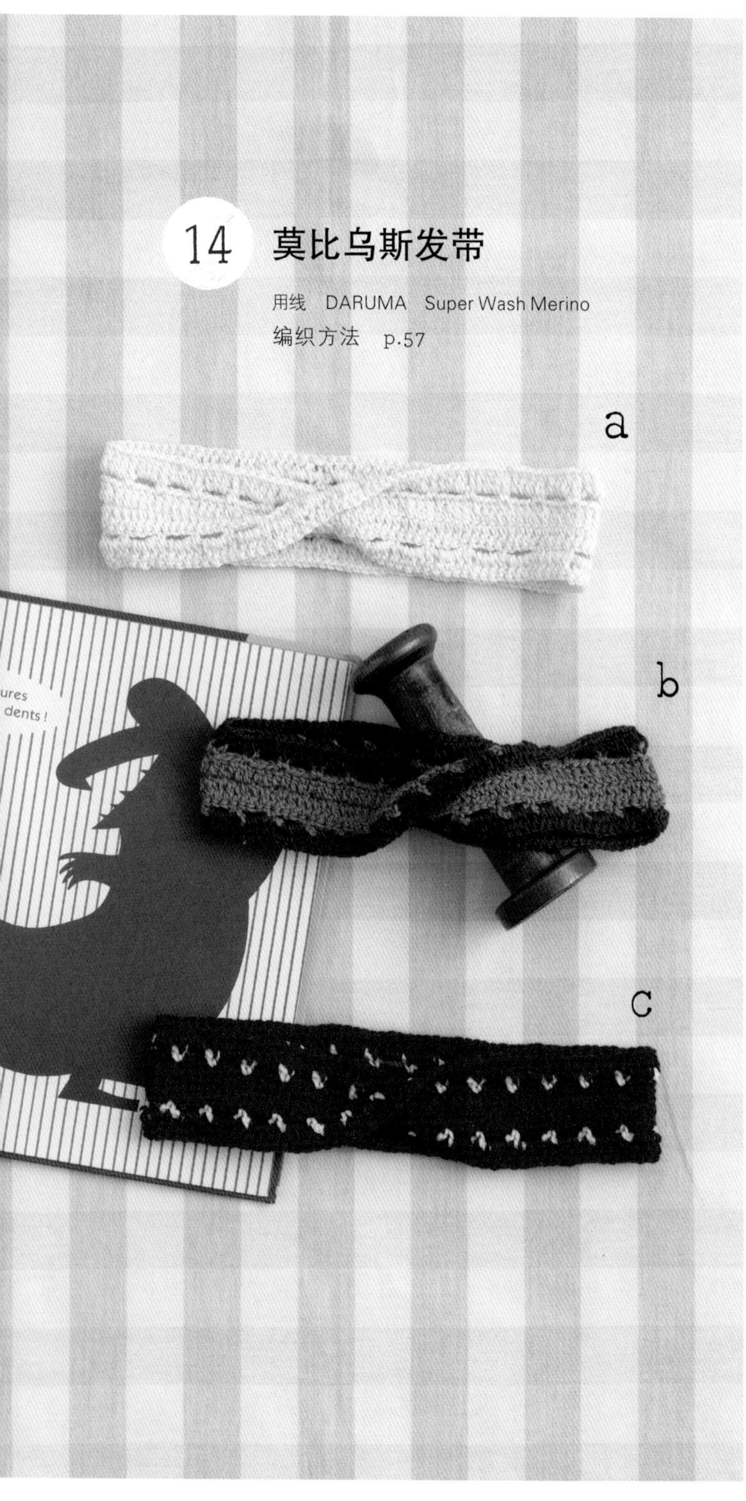

14 莫比乌斯发带

用线 DARUMA Super Wash Merino

编织方法 p.57

尺寸

6~12个月

12~18个月

18~24个月

编织至第1行的终点时，将编织起点翻转半圈后继续编织……只要编织下去，织物就会自然地呈现扭转状态，这就是莫比乌斯编织。增加针数和行数再编织一条，制作成亲子发带也很棒哟！

15 卷边帽子

用线 DARUMA Super Wash Merino

编织方法 p.71

尺寸

6~12个月

12~18个月

18~24个月

从帽顶环形起针，一边加针一边往下编织。编织各种颜色的帽子搭配服饰佩戴，非常方便。作为礼物送人也是不错的选择。

莫比乌斯发带

—→ p.56

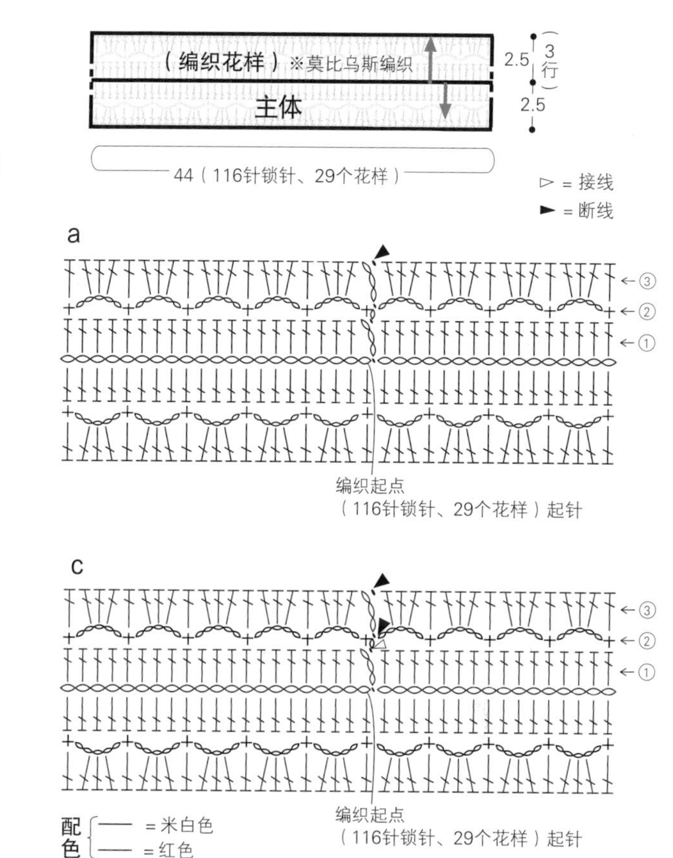

材料和工具

用线　DARUMA　Super Wash Merino ⓐ米白色(1)15g　ⓑ蓝色(4)10g、藏青色(5)5g　ⓒ红色(6)15g、米白色(1)3g/各1团

用针　钩针4/0号

成品尺寸　头围44cm、宽5cm

编织要点

1．起针

钩锁针起针(→参照p.10)，起116针。在编织起点的锁针的半针和里山插入钩针引拔，将起针针目连接成环形。

2．钩织主体

参照制作要领，用莫比乌斯编织方法按编织花样钩3行。

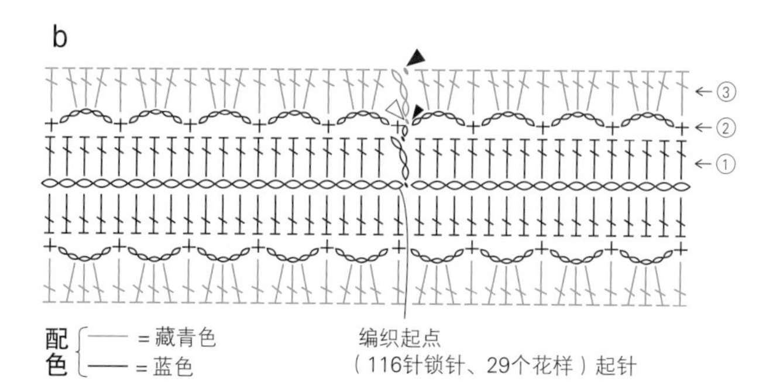

Point

● 莫比乌斯编织

1　将起针的锁针连接成环形，在锁针的里山和半针挑针钩织长针。钩至最后1针后，将编织起点的织物向前翻转。

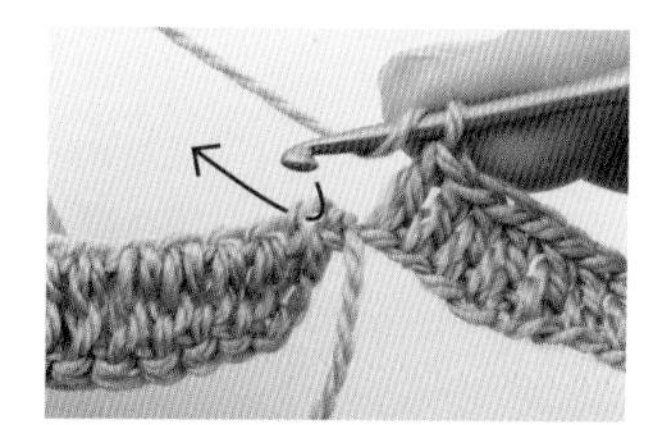

2　挂线，接着在起针的锁针剩下的1根线里插入钩针。

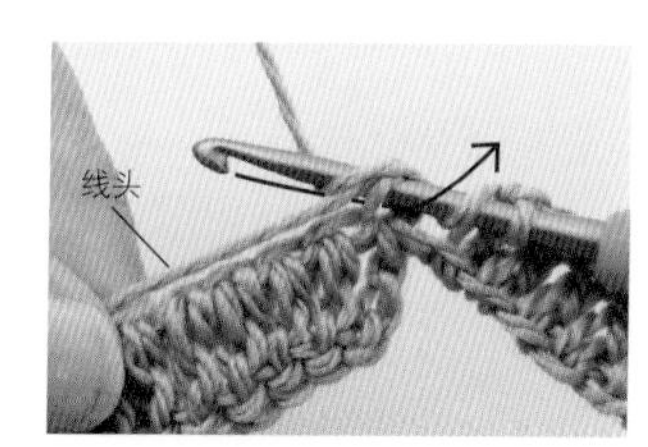

3　将起针时的线头贴着织物拿好，将线拉出后钩长针。

4　在起针针目的另一侧即锁针剩下的1根线里挑针继续钩织。将线头包在里面钩几针后处理好线头。

5　继续钩织就会回到编织起点位置。至此，1行完成。在编织起点立织的锁针里插入钩针引拔。

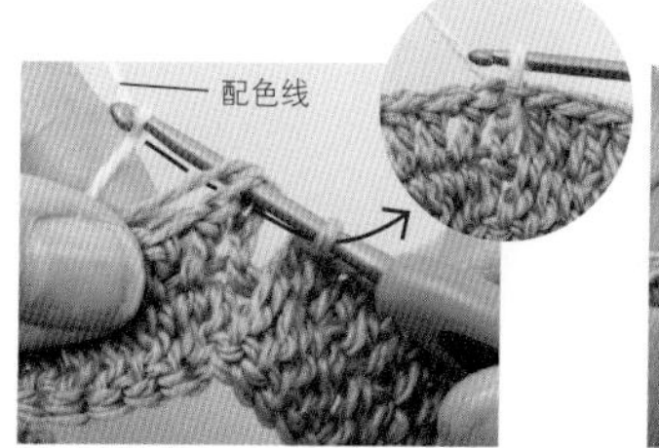

6　如果是配色编织需要换线，在步骤5中做引拔时将前面编织的线挂在钩针上，改用配色线做引拔。

7　接下来钩织第2行。重复“1针短针、5针锁针”继续钩织花样。

8　用莫比乌斯编织方法钩织3行后的状态。以起针针目为界，从上下两边挑针钩织，1圈计为1行。

尺寸

- 0~6个月
- 6~12个月
- 12~18个月
- 18~24个月

钩织所需数量的正方形花片，最后将花片拼接在一起制作成包被。可以改变配色和尺寸大小，或者用纯色线钩织花片，再用不同的线进行拼接，请享受各种创意带来的乐趣吧！宝宝长大后，还可以用作睡午觉时防止受凉的盖毯、游戏毯，以及妈妈的膝盖围毯等，这是一件既耐用又非常方便的作品。

Point 16 包被的最后收尾

准备

在将所有花片拼接在一起之前，先用熨斗逐一熨烫。以15cm×15cm的正方形为标准用珠针将花片固定好，用蒸汽熨斗整烫。

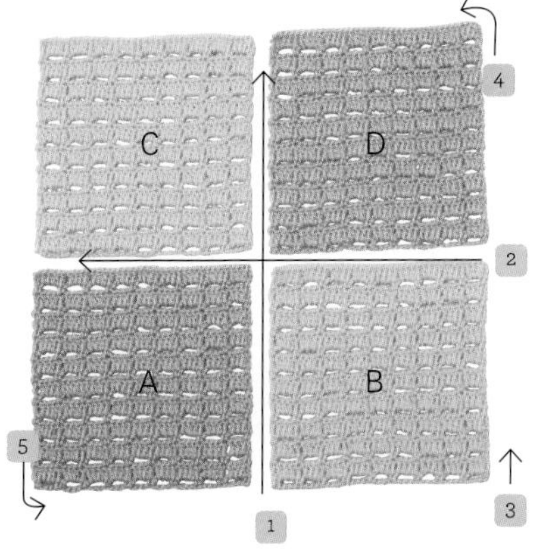

拼接花片时要保持编织方向的一致

●整段挑针、●将针目分隔开挑针
※为了便于理解，图中使用了不同颜色的线

1 行与行的拼接

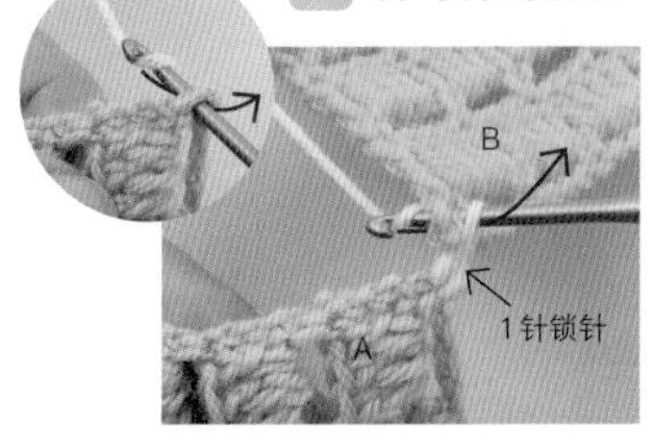

1 在起针的第1针锁针里插入钩针，接线。钩1针锁针，在织片B的起针锁针里插入钩针引拔。

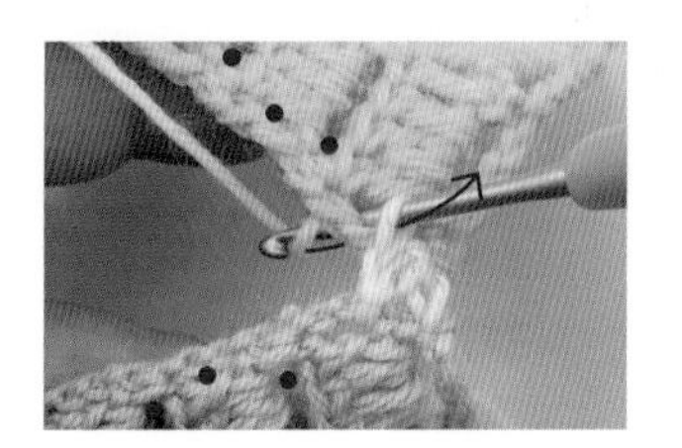

2 钩1针锁针，接着在边上1针的根部整段挑针，重复"1针引拔针、1针锁针"进行拼接。

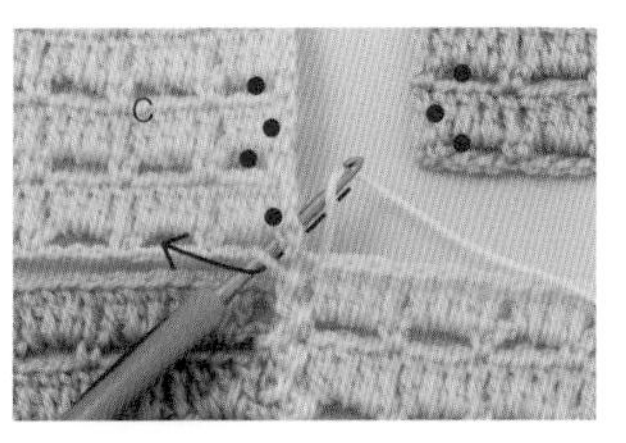

3 在花片C短针的根部也整段挑针，引拔。

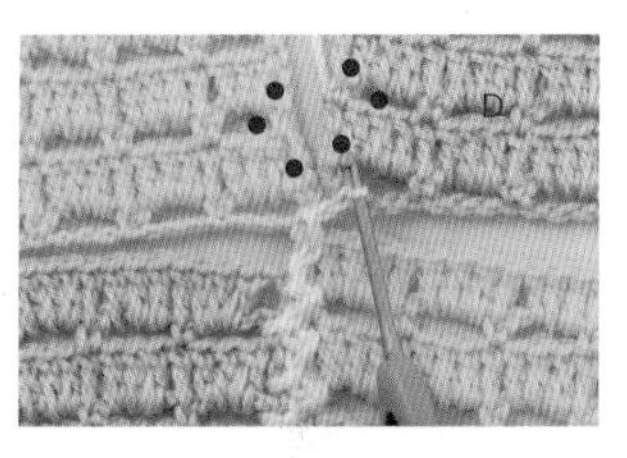

4 花片D也按相同要领整段挑针进行拼接。

2 针与针的拼接

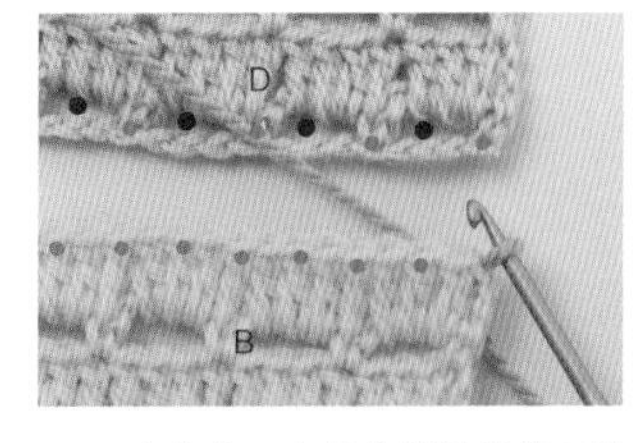

1 在花片B立织的锁针的第3针里接线。钩1针锁针，然后在花片D起针的锁针剩下的2根线里挑针。

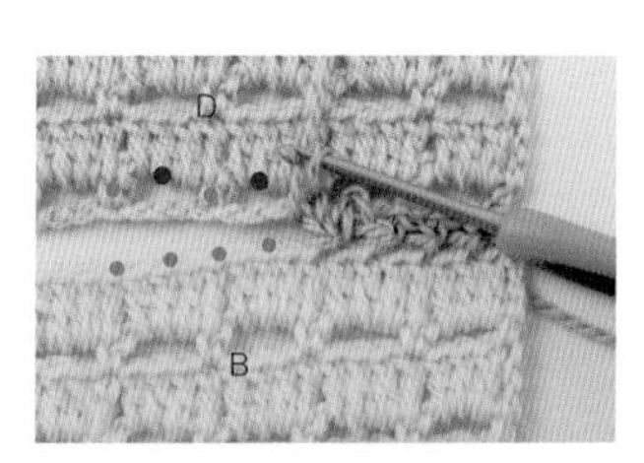

2 编织终点（B）在长针的头部挑针，编织起点（D）在起针的锁针上挑针，钩"1针引拔针、1针锁针"进行拼接。

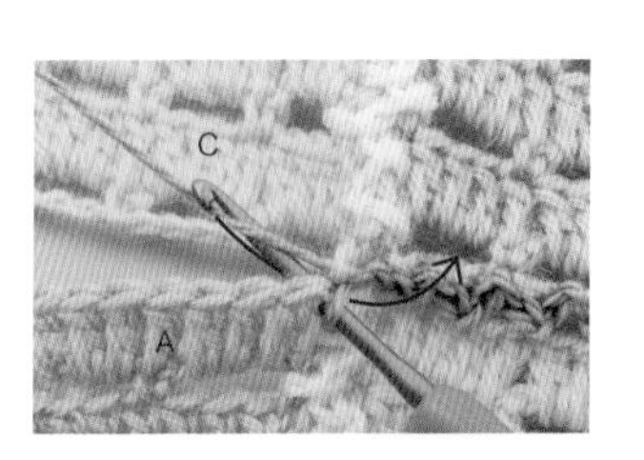

3 拼接至4块花片交会处时，在花片A立织的锁针的第3针里插入钩针引拔。

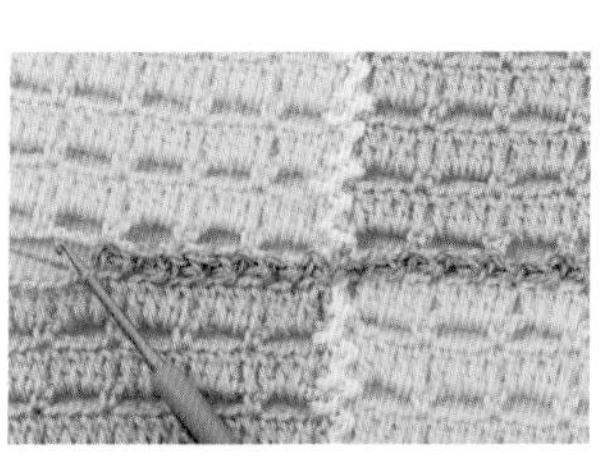

4 4块花片拼接在了一起。花片与花片之间拼接的针脚呈锯齿状，非常别致。

边缘编织

3 从行上挑针

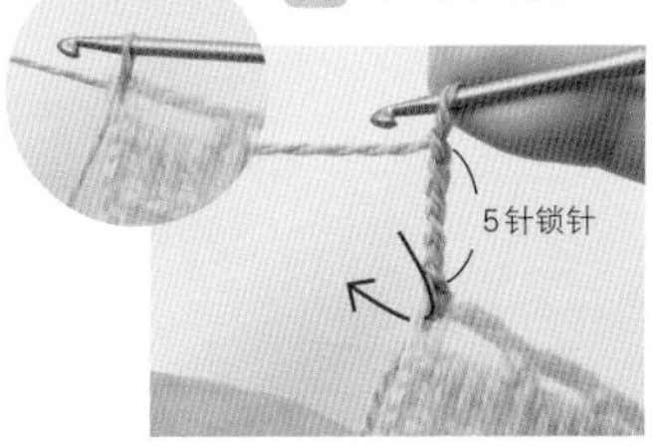

1 在起针的边上第1针里接线，立织1针锁针，接着钩1针短针和5针锁针。再在同一个针目里钩短针。

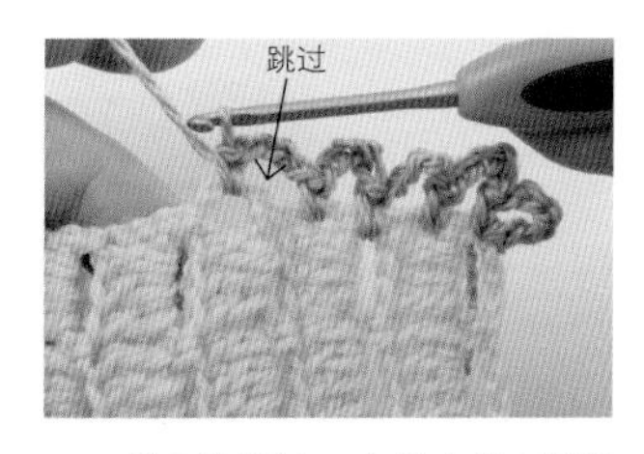

2 钩5针锁针，在边上第1针里整段挑针重复钩"1针短针、5针锁针"。

4 从编织终点挑针

在转角的针目里钩入2次短针。在长针的头部挑针，重复钩"1针短针、5针锁针"。

5 从编织起点的起针针目挑针

在转角的针目里钩入2次短针。遇到锁针整段挑针，遇到短针则在起针锁针的剩下2根线里挑针钩织。

17 棒针编织的宝宝鞋

用线 DARUMA Airy Wool Alpaca

编织方法 p.61

尺寸

6~12个月

12~18个月

为开始学步前的婴儿准备一双袜子感觉的宝宝鞋怎么样？虽然只能穿很短的时间，也并不太实用，但是圆鼓鼓的小样子着实可爱。据说在欧洲将宝宝鞋装饰在玄关，就会有好运降临呢。作为出生和成长的一种纪念，一定要试着编织一双哟！

棒针编织的宝宝鞋

→ p.60

材料和工具

用线　DARUMA　Airy Wool Alpaca 浅驼色（2）、卡其色（4）各15g/各1团

用针　棒针5号（5根针或4根针）

成品尺寸　长11.5cm

密度　10cm×10cm面积内：起伏针23针、42行

编织要点

1. 起针

从底部鞋跟位置手指挂线起针（→参照 p.14），起4针。

2. 编织底部

参照符号图，按起伏针编织底部。加针时，在边上1针的内侧做“挂针和扭针加针”（→参照 p.30）；减针时，在边上1针内侧做2针并1针（→参照 p.16）。编织结束时做伏针收针。

3. 环形编织侧面

在鞋跟（★）接线，从底部挑针（参照 piont）。在鞋头的中心织右上2针交叉（→参照 p.17），并在两侧织2针并1针，一共编织14行。

4. 编织鞋口

从侧面接着编织32针、10行的单罗纹针，结束时按前一行的针目做伏针收针（→参照 p.31）。

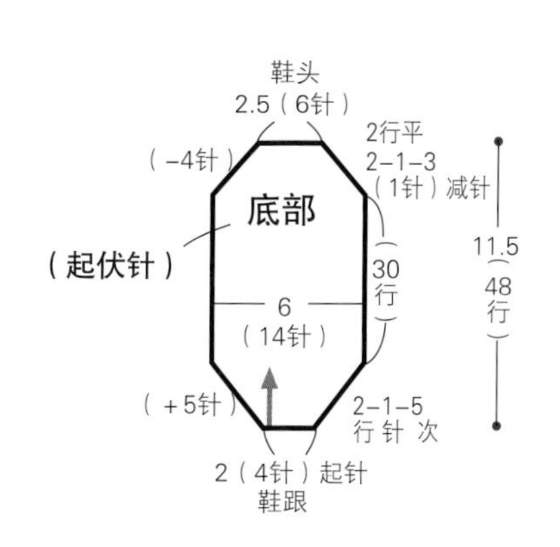

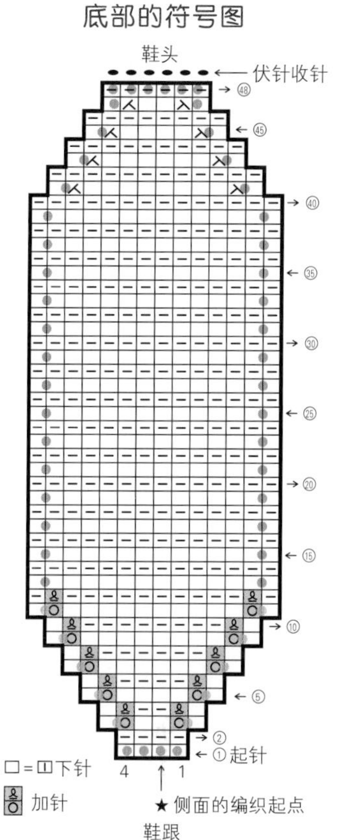

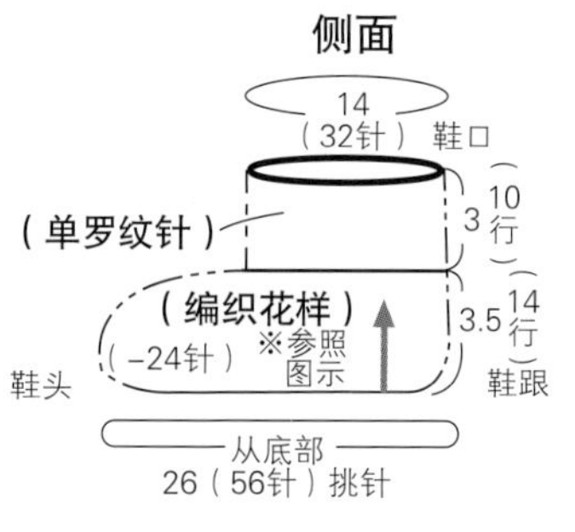

●=侧面挑针位置（共56针）

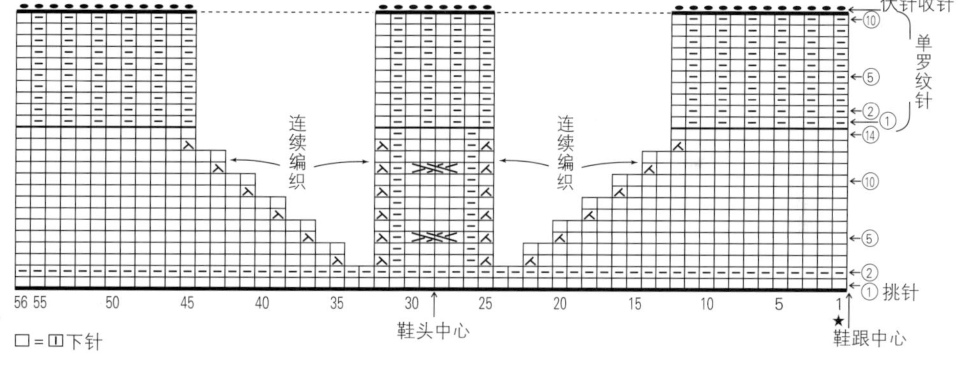

Point

从底部挑针

※为了便于理解，图中使用了不同颜色的线

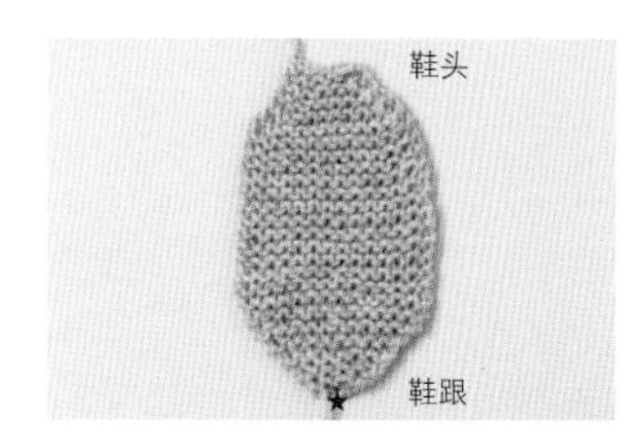

1　起伏针的底部编织完成。将线剪断。

2　在鞋跟中心插入棒针，接线并开始编织侧面。

3　从行上挑针时，在边上1针内侧插入棒针挑针。

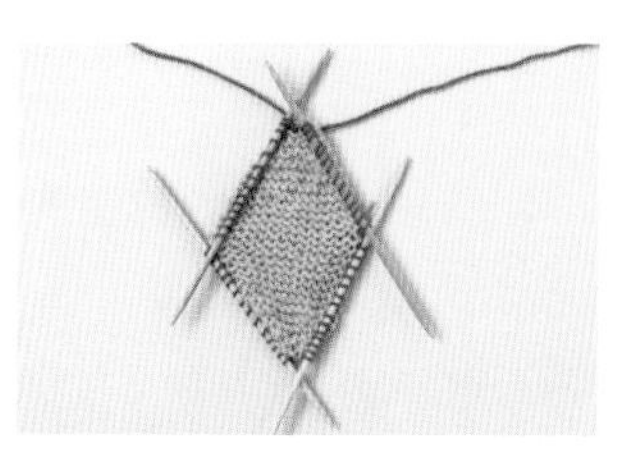

4　侧面的针目挑针完成。图中使用了5根短棒针。针上挑取的针目就是侧面的第1行。

18 钩针编织的3件套
（婴儿鞋、连指手套、婴儿帽）

用线 DARUMA Super Wash Merino

编织方法 婴儿鞋、连指手套 p.63、p.64／婴儿帽 p.65

尺寸

0~6个月

婴儿鞋、婴儿帽和连指手套都是为新生婴儿准备的，虽然只能穿戴很短的时间，但是一样充满乐趣。由于编织花样是相同的，也可以与斗篷和婴儿裙等配套编织。作为第一份礼物送给即将出生的宝贝吧！无须任何拼接或缝合即可完成，也非常适合小婴儿穿戴。

18 婴儿鞋和连指手套

—→ p.62

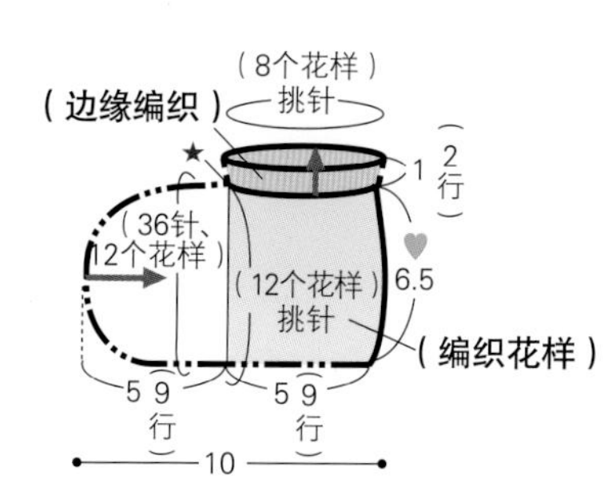

材料和工具

用线　DARUMA　Super Wash Merino 米白色(1)[婴儿鞋]20g/1团、[连指手套]20g/1团

用针　钩针4/0号

其他　[连指手套]松紧带16cm　2条

成品尺寸　[婴儿鞋]脚长10cm　[连指手套]掌围14cm

密度　10cm×10cm面积内：编织花样[婴儿鞋]24针、14.5行，长针23针、11行

编织要点

[婴儿鞋]参照p.64的point编织。

[连指手套]

1. 起针

用线头环形起针(→参照p.74)。

2. 指尖到手腕

参照图示一边加针一边钩长针。

3. 手套口

手套口按编织花样钩织4行。

4. 收尾

从连指手套的反面在图示位置穿入松紧带。

婴儿鞋的符号图

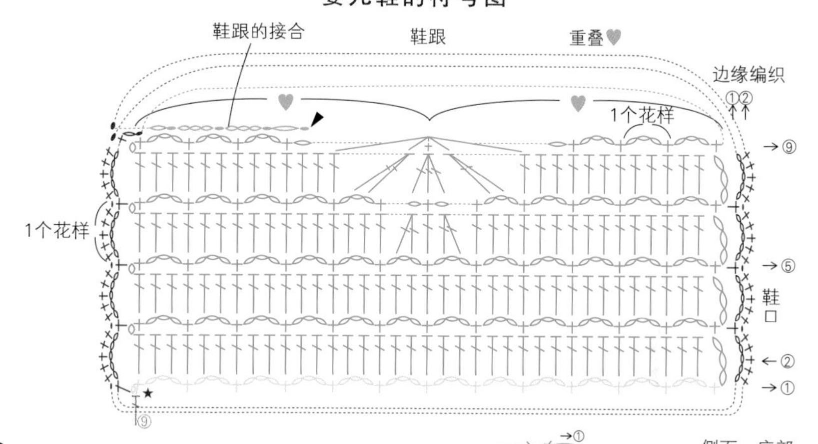

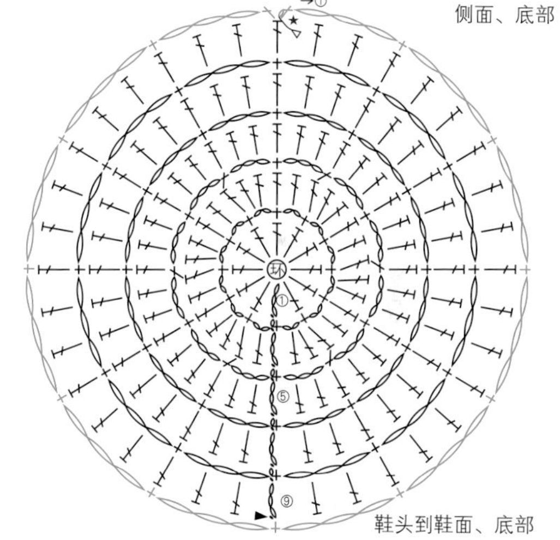

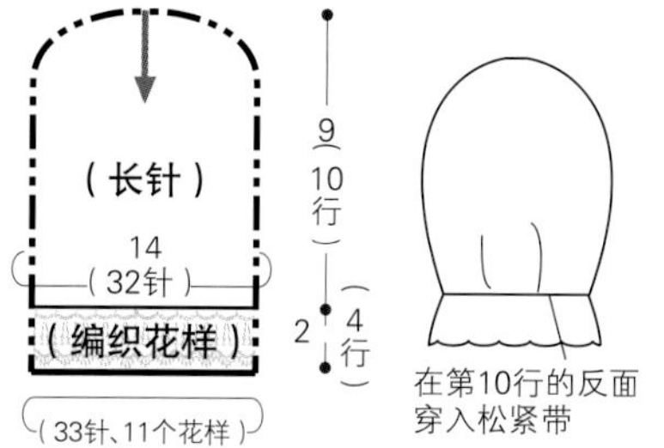

连指手套的符号图

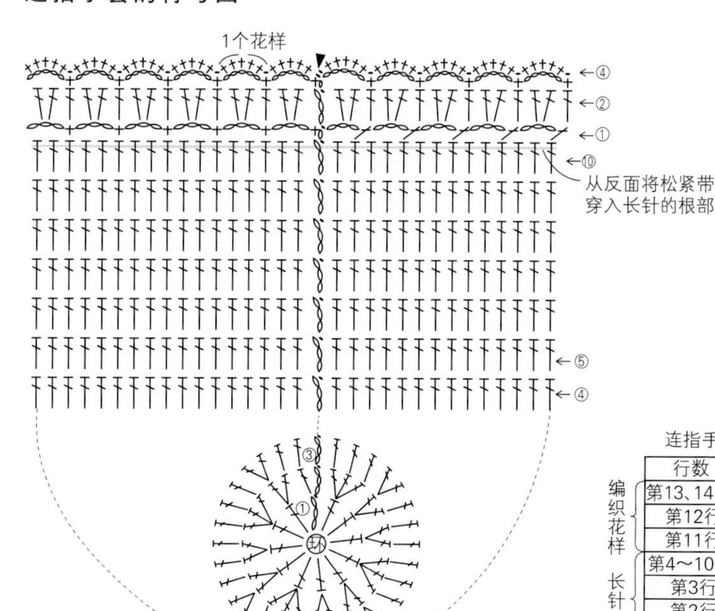

▷ = 接线

► = 断线

鞋头到鞋面、底部的加针

行数	针数	
第5、7、9行	36针	无须加减针
第4、6、8行	12个花样	无须加减针
第3行	30针	
第2行	12个花样	
第1行	12针	

连指手套的加针

	行数	针数	
编织花样	第13、14行	11个花样	
编织花样	第12行	33针	
编织花样	第11行	11个花样	
长针	第4～10行	32针	无须加减针
长针	第3行	32针	(+4针)
长针	第2行	28针	(+16针)
长针	第1行	12针	

Point 18 婴儿鞋的编织方法

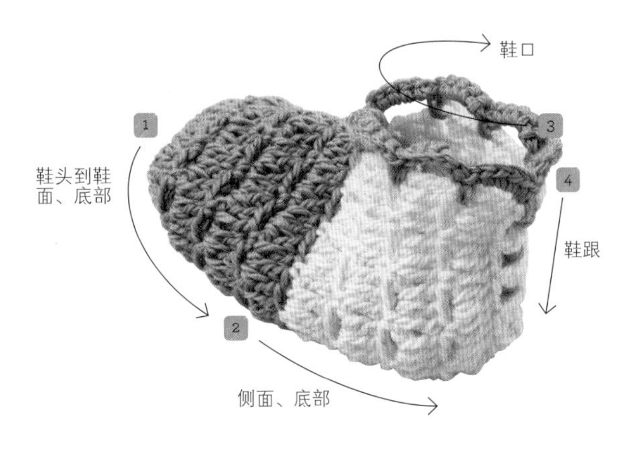

※为了便于理解，图中使用了不同颜色的线

1 鞋头到鞋面、底部：环形编织

1 在鞋头位置环形起针，钩入12针长针。

2 参照符号图（→参照 p.63）钩织9行后断线。记号圈处是鞋面的中心（★）。

2 侧面、底部：往返编织

3 从鞋子的内侧插入钩针，在鞋面的中心（★）接线。

4 继续钩织花样。第1行重复钩"1针短针、3针锁针"。

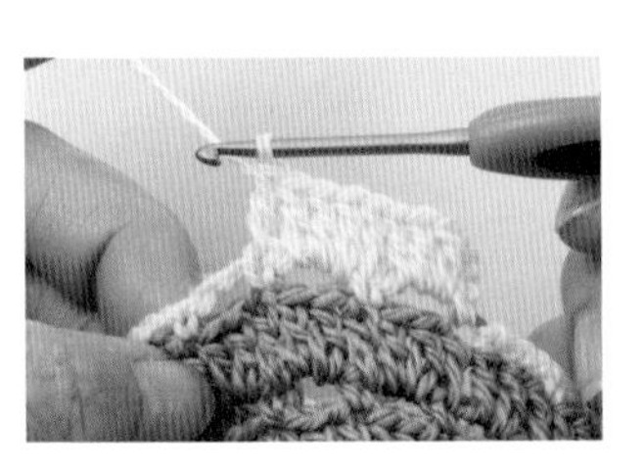

5 第2行将织物翻回正面后钩长针。

6 从第6行开始在底部中心减针。钩至第9行后的状态。

3 鞋口：环形编织

7 从侧面的编织终点接着钩织鞋口。在步骤2中完成的侧面引拔。

8 立织1针锁针，整段挑起短针的根部钩1针短针。接着重复钩"5针锁针、1针短针"，钩短针时，在侧面短针的根部挑针钩织。

9 鞋口的第1行完成。

10 第2行重复"（整段挑起前一行的锁针）钩5针短针、（在前一行的短针里）钩1针引拔针"。

4 鞋跟

11 鞋口钩完2行后，接着将侧面的最后一行并在一起对折，从鞋子的内侧进行接合。

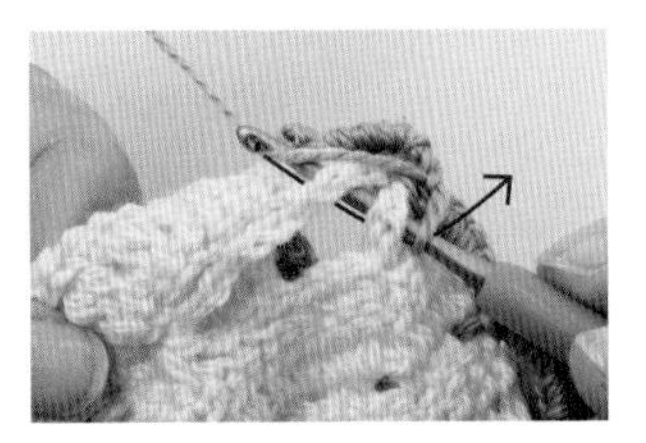

12 钩1针锁针，整段挑起侧面最后一行的锁针，钩引拔针。

13 重复2次"3针锁针、1针引拔针"，再钩1针锁针，最后在鞋跟中心的锁针里引拔。

14 鞋跟完成。在织物的反面处理好线头（→参照 p.31）。

18 婴儿帽

—→ p.62

材料和工具

用线 DARUMA Super Wash Merino
米白色（1）40g/1团

用针 钩针4/0号

其他 直径1.8cm的纽扣1颗

成品尺寸 参照图示

密度 10cm×10cm面积内：编织花样23.5针、14行

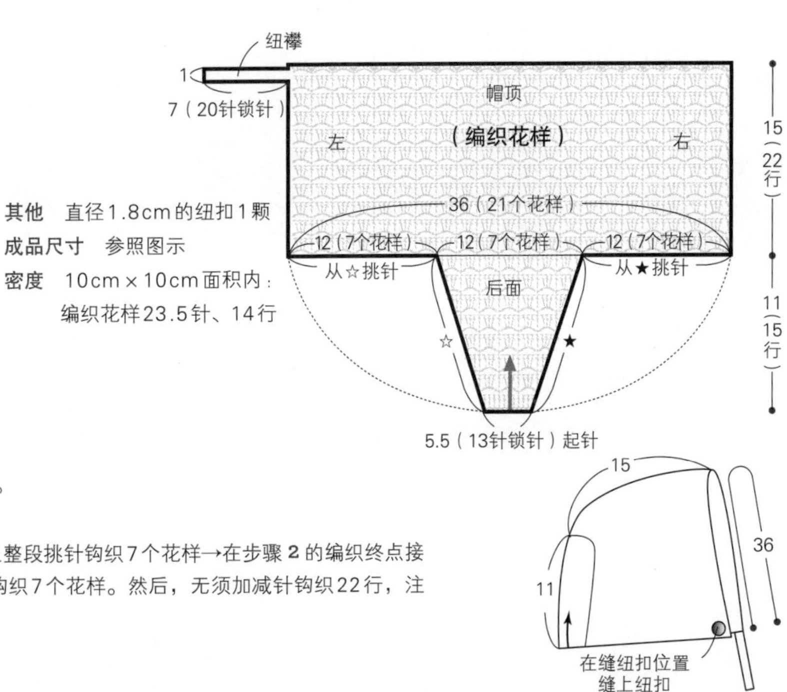

编织要点

1. 起针

从后面钩锁针起针（→参照p.10），起13针。

2. 钩织后面

参照图示，一边在两侧加针一边钩织15行，断线。

3. 钩织帽顶

在起针的第1针锁针上接线，从左侧各行的长针上整段挑针钩织7个花样→在步骤**2**的编织终点接着钩织7个花样→从右侧各行的长针上整段挑针钩织7个花样。然后，无须加减针钩织22行，注意在第20行的末端接着钩织一条纽襻。

4. 缝上纽扣→参照p.21

在图中指定位置缝上纽扣。

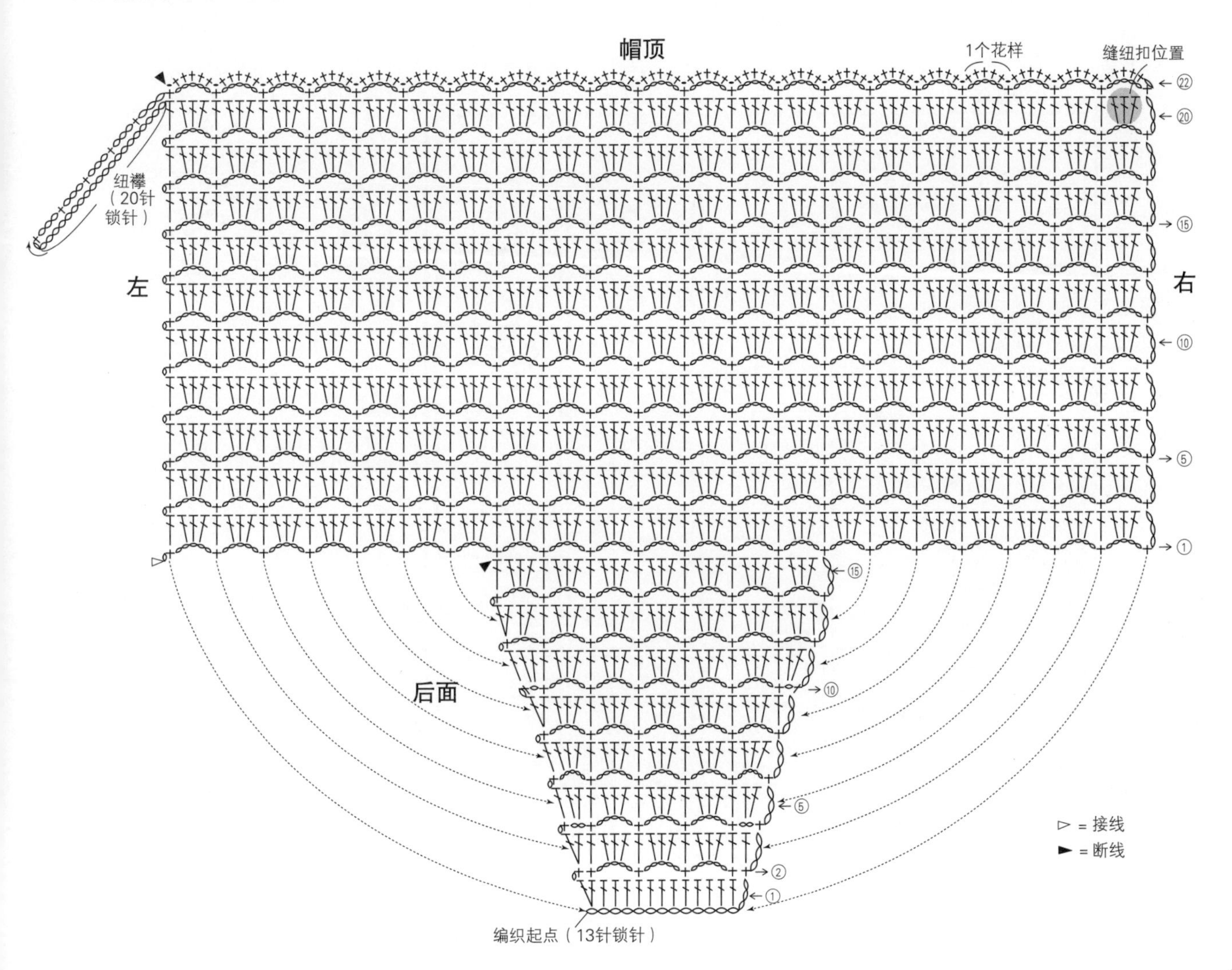

16 拼色包被

—— p.58

材料和工具

用线 Puppy NEW 4PLY 黄绿色(472)145g / 4团、蓝色(405)135g/4团、白色(402)30g / 1团

用针 钩针4/0号

成品尺寸 79cm×79cm

花片大小 15cm×15cm

编织要点

1. 钩织花片

钩锁针起针(→参照 p.10)，起37针。从锁针的里山挑针开始钩织，按基础花样钩20行。钩织13片黄绿色花片和12片蓝色花片，分别做好线头处理(→参照 p.21)。

2. 连接花片→参照 p.59

用蒸汽熨斗将花片熨烫成指定大小。参照图示排列好后，先从☆开始拼接，接着再拼接★。

3. 钩织边缘→参照 p.59

在拼接后的花片周围钩1圈边缘编织。

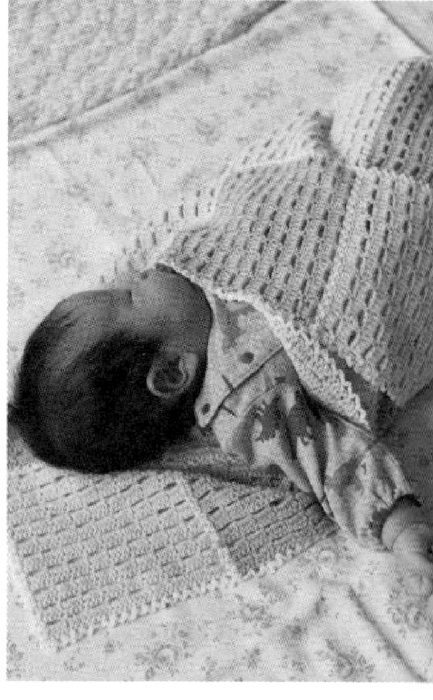

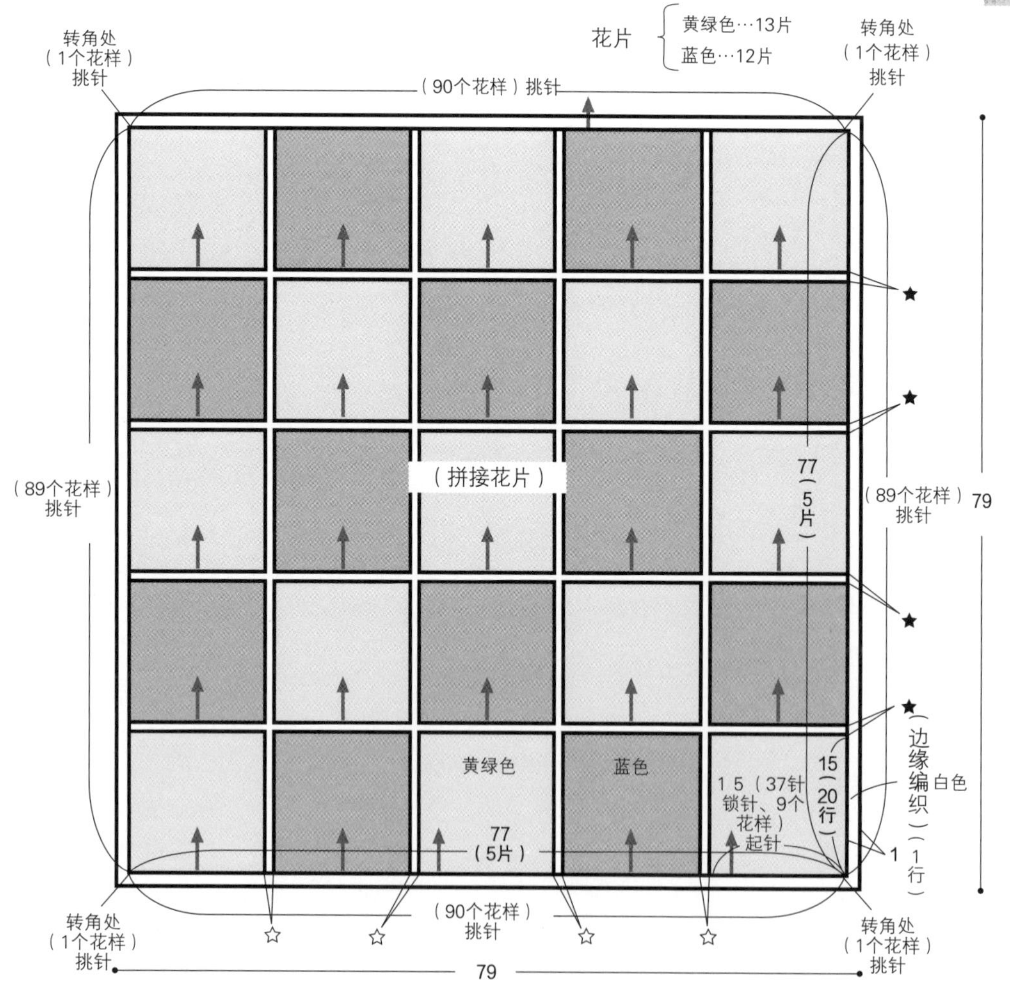

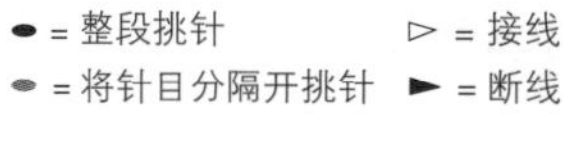

包被的符号图

转角处
（1个花样）

1个花样

← 4

转角处
（1个花样）

← ★

2 花片针目与针目的连接

⑳

→⑮

⑩

→⑤

②

→①

↑ 3

转角处
（1个花样）

5 →

☆

1 花片行与行的拼接

蓝色

黄绿色

边缘编织 白色

转角处
（1个花样）

10 棒针编织的背心

→ p.46

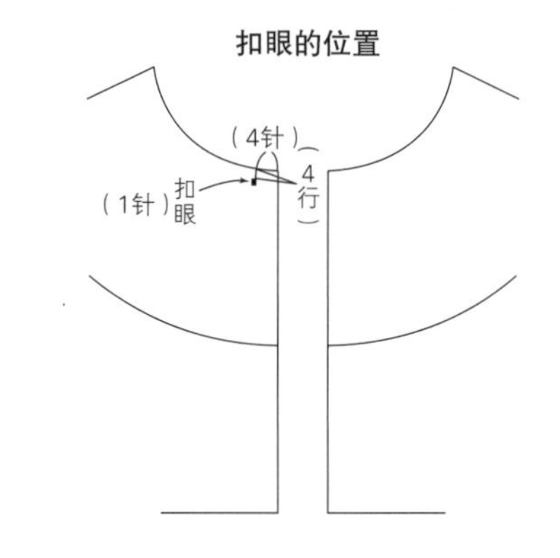

材料和工具

用线 和麻纳卡 Paume <矿物染>粉红色（44）90g/4团

用针 棒针4号、5号（带堵头的2根针），5号（4根针或5根针、环形针）

其他 直径1.8cm的纽扣1颗

成品尺寸 胸围58cm、衣长24cm、连肩袖长19cm

密度 10cm×10cm面积内：编织花样26.5针、28行

编织要点

1. 起针
用4号棒针手指挂线起针（→参照 p.14），起67针。针上起好的针目就是第1行。

2. 编织育克→参照 p.29、p.30
换成5号棒针。参照图示编织4行单罗纹针，接着按编织花样编织34行育克。边上的1针织滑针，在前门襟留出扣眼。

3. 编织身片→参照 p.35
将育克分成身片和袖子，袖育克部分休针备用。将前后身片连起来编织，编织身片的第1行时在前后身片之间做卷针加针制作腋下针目。下摆编织单罗纹针，结束时按前一行的针目做伏针收针（→参照 p.31）。

4. 编织袖口→参照 p.36、p.37
袖口从腋下和休针的袖育克挑针，编织单罗纹针。结束时按前一行的针目做伏针收针。

5. 缝上纽扣→参照 p.21
对齐扣眼的位置在左前门襟缝上纽扣。

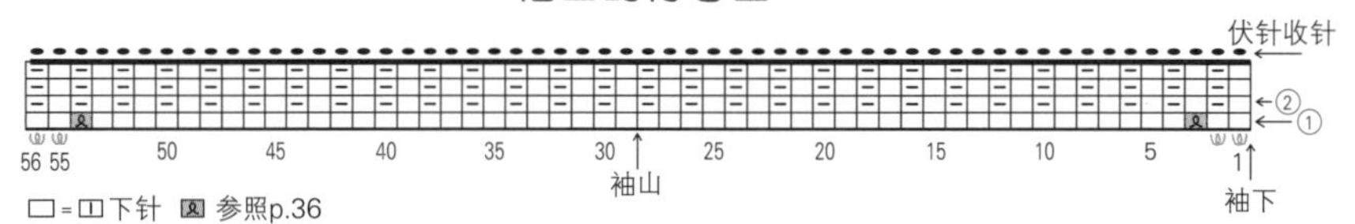

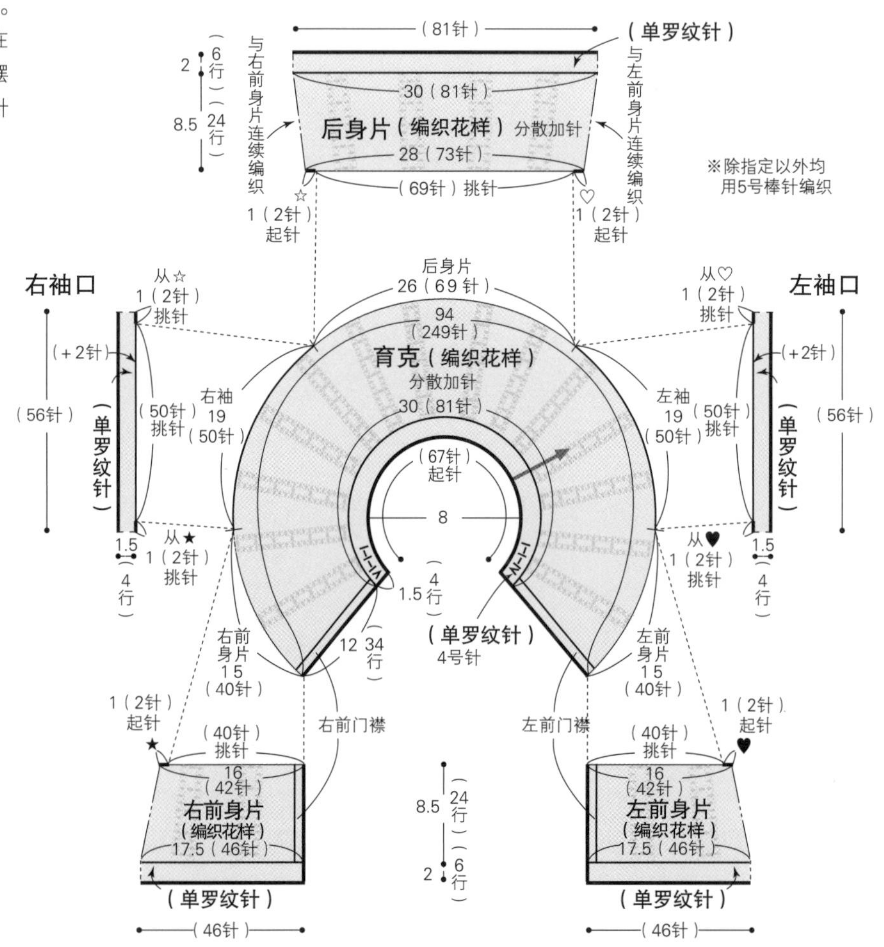

育克的符号图

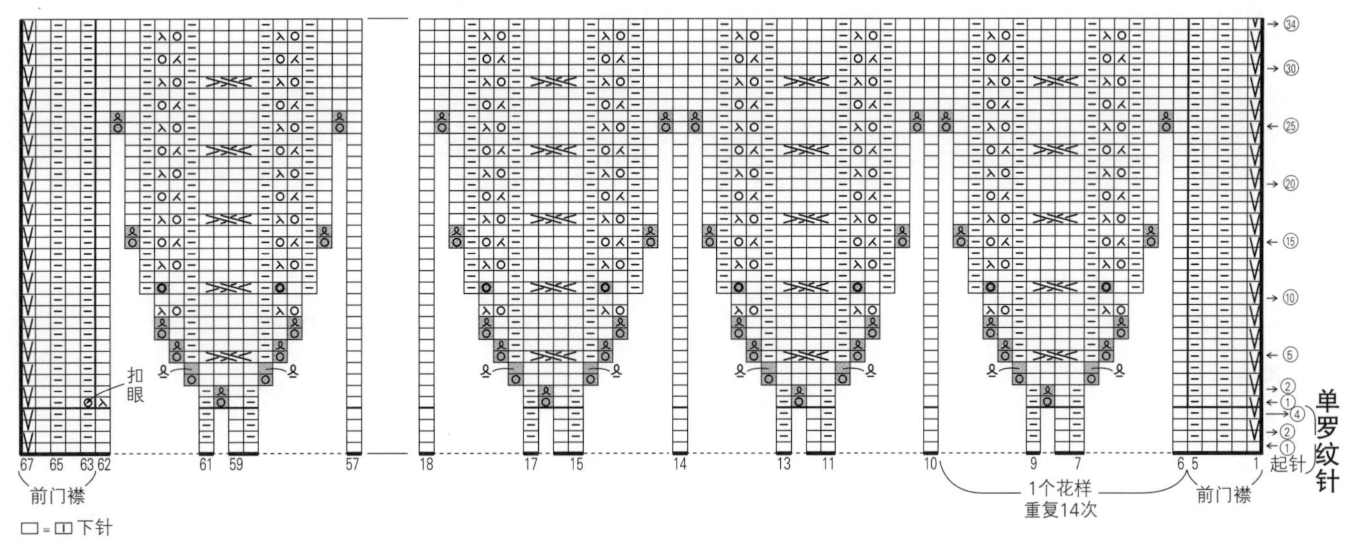

□=□□下针

加针

身片的符号图

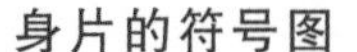

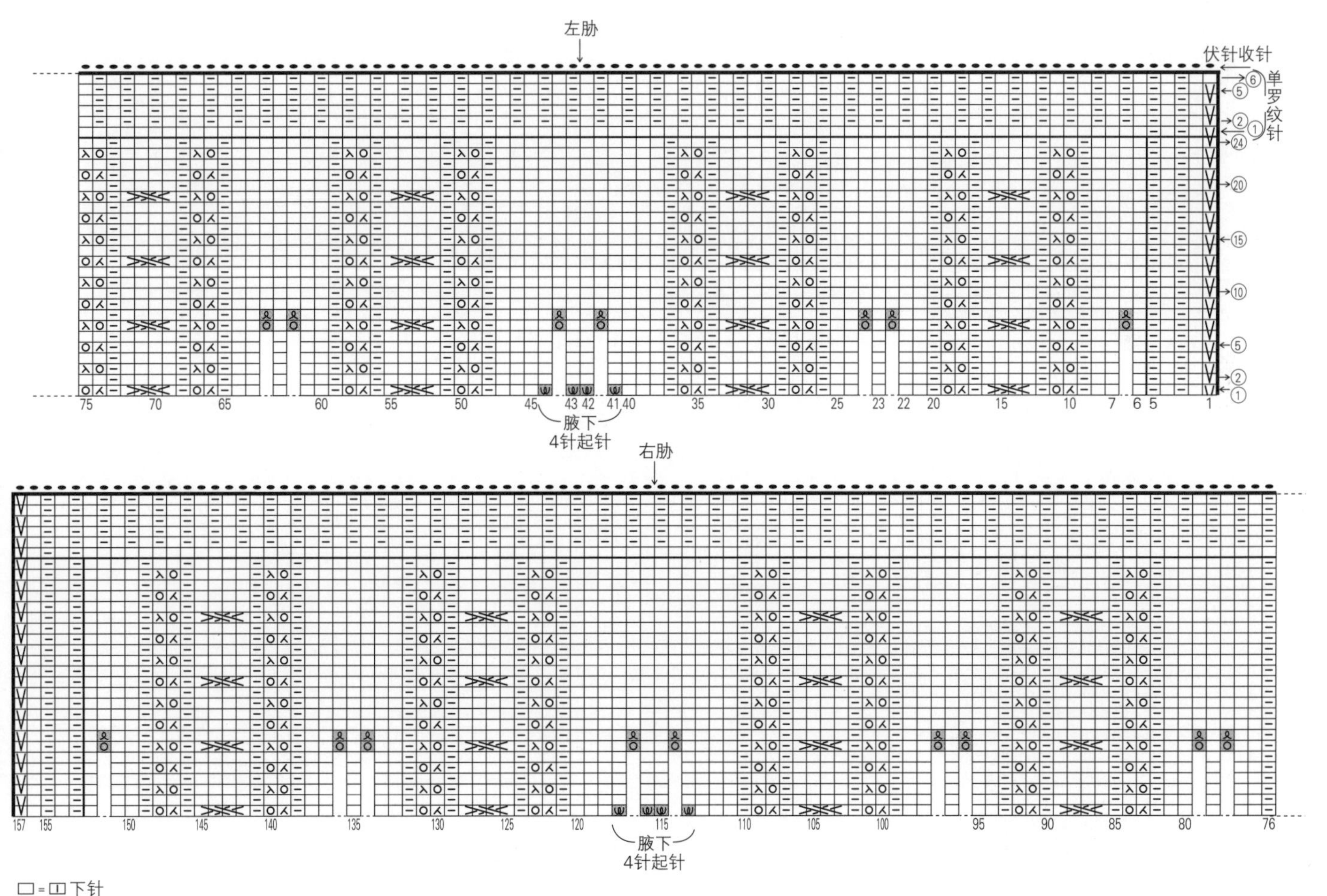

□=□□下针

加针

12 13 帽子

——→ p.50、51

材料和工具

用线 DARUMA Shetland Wool ⑫灰色（8）45g／1团
⑬藏青色（5）25g、红色（10）5g／各1团

用针 棒针5号（4根针或5根针）
仅⑬的罗纹针使用3号棒针（4根针或5根针）

成品尺寸 ⑫头围45cm、帽深16.5cm
⑬头围45cm、帽深15.5cm

编织要点

1. 环形起针→参照 p.55

用5号棒针手指挂线起针（→参照 p.14），起21针，然后将针目分至3根（或者4根）棒针上。针上起好的针目就是帽顶的第1行。

2. 编织帽顶到帽口

参照图示一边在帽顶加针一边按编织花样编织40行。接着编织帽口部分，⑫编织双罗纹针，⑬编织单罗纹针（3号棒针）。结束时按前一行的针目做伏针收针（→参照 p.31、p.37）。

3. 收尾

收紧帽顶的起针针目（→参照 p.55）。⑬用红色线制作小绒球，缝在帽顶。

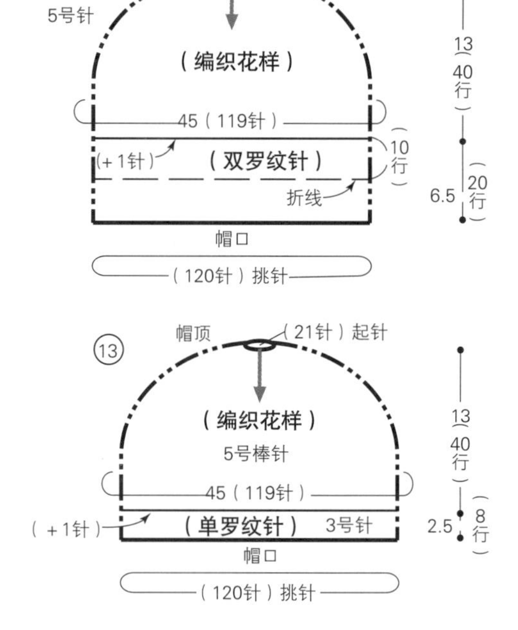

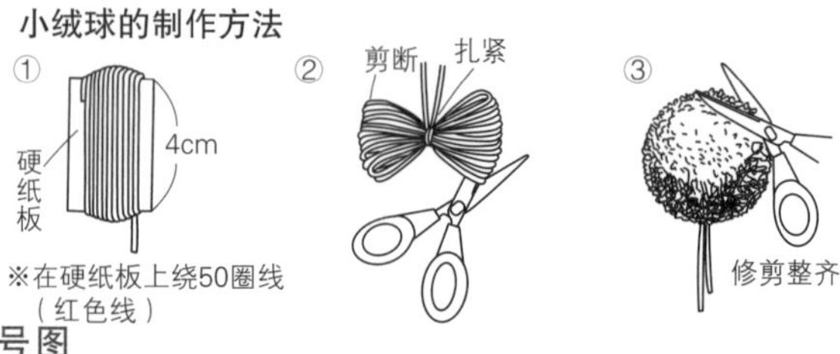

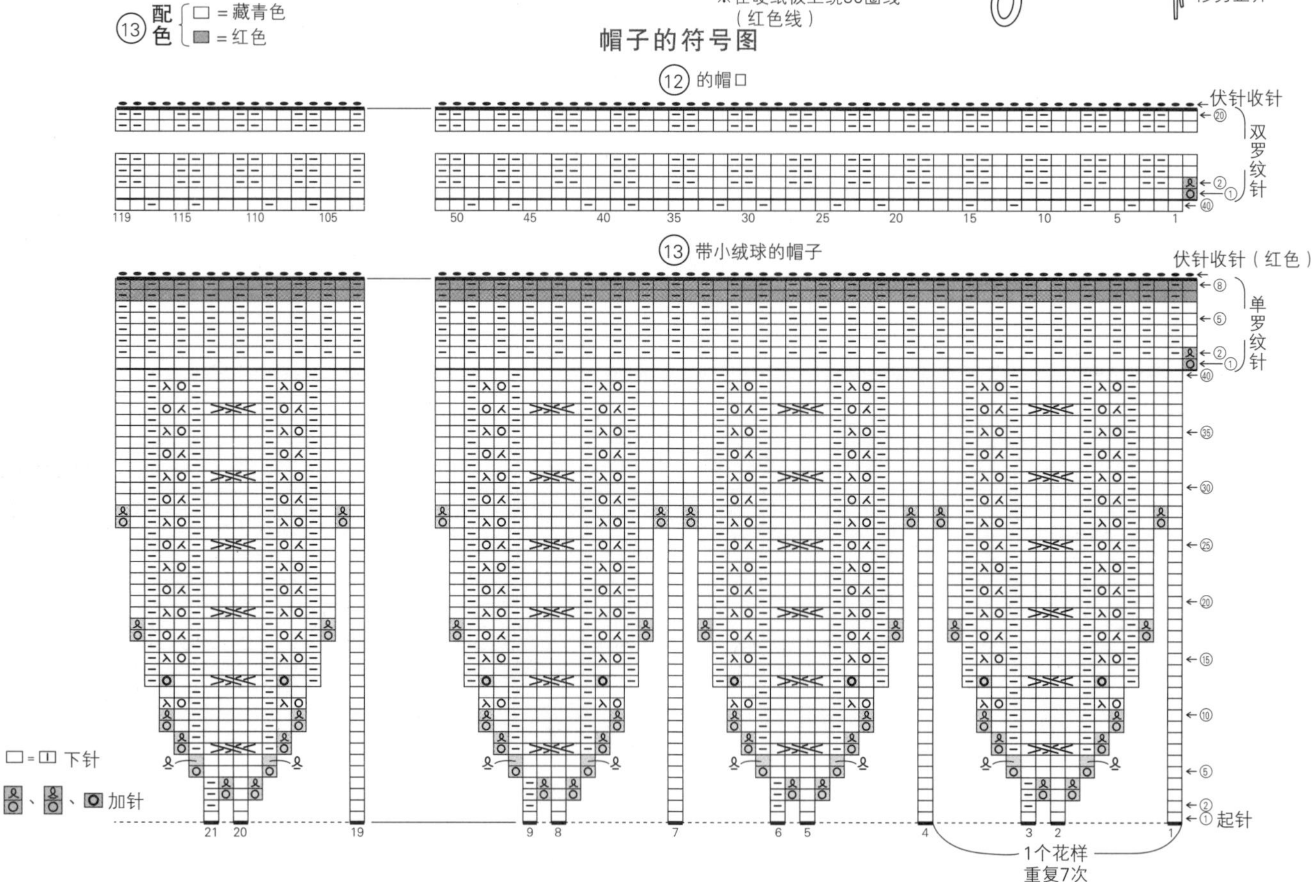

15 卷边帽子

—→ p.56

材料和工具

用线 DARUMA Super Wash Merino

ⓐ黄绿色（2）ⓑ灰色（8）各45g/各1团

用针 钩针4/0号

成品尺寸 头围42cm、帽深14cm

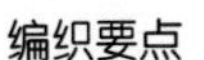

编织要点

1. 起针

从帽顶位置用线头环形起针（→参照 p.74）

2. 钩织帽顶到帽口

参照图示一边在帽顶加针一边按编织花样钩织23行。接着无须加减针钩5行长针。

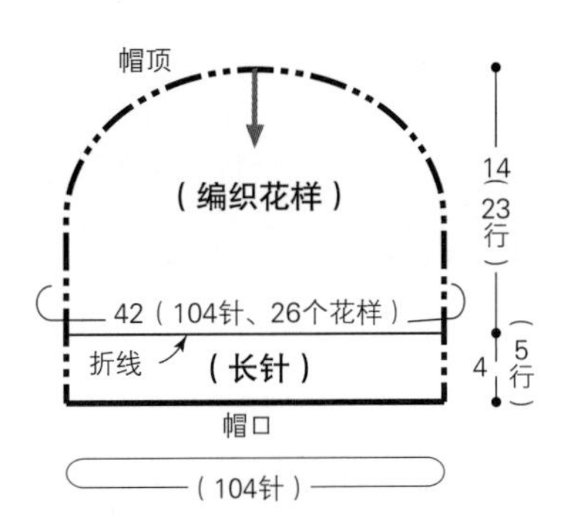

帽顶的加针

行数	针数（或花样）
第23行	104针
第22行	26个花样
第21行	104针
第20行	26个花样
第19行	104针
第18行	26个花样
第17行	104针
第16行	26个花样
第15行	104针
第14行	26个花样
第13行	104针
第12行	26个花样
第11行	104针
第10行	26个花样
第9行	104针
第8行	26个花样
第7行	78针
第6行	21个花样
第5行	64针
第4行	16个花样
第3行	32针
第2行	8个花样
第1行	16针

（第10行～第23行）无须加减针

帽子的符号图

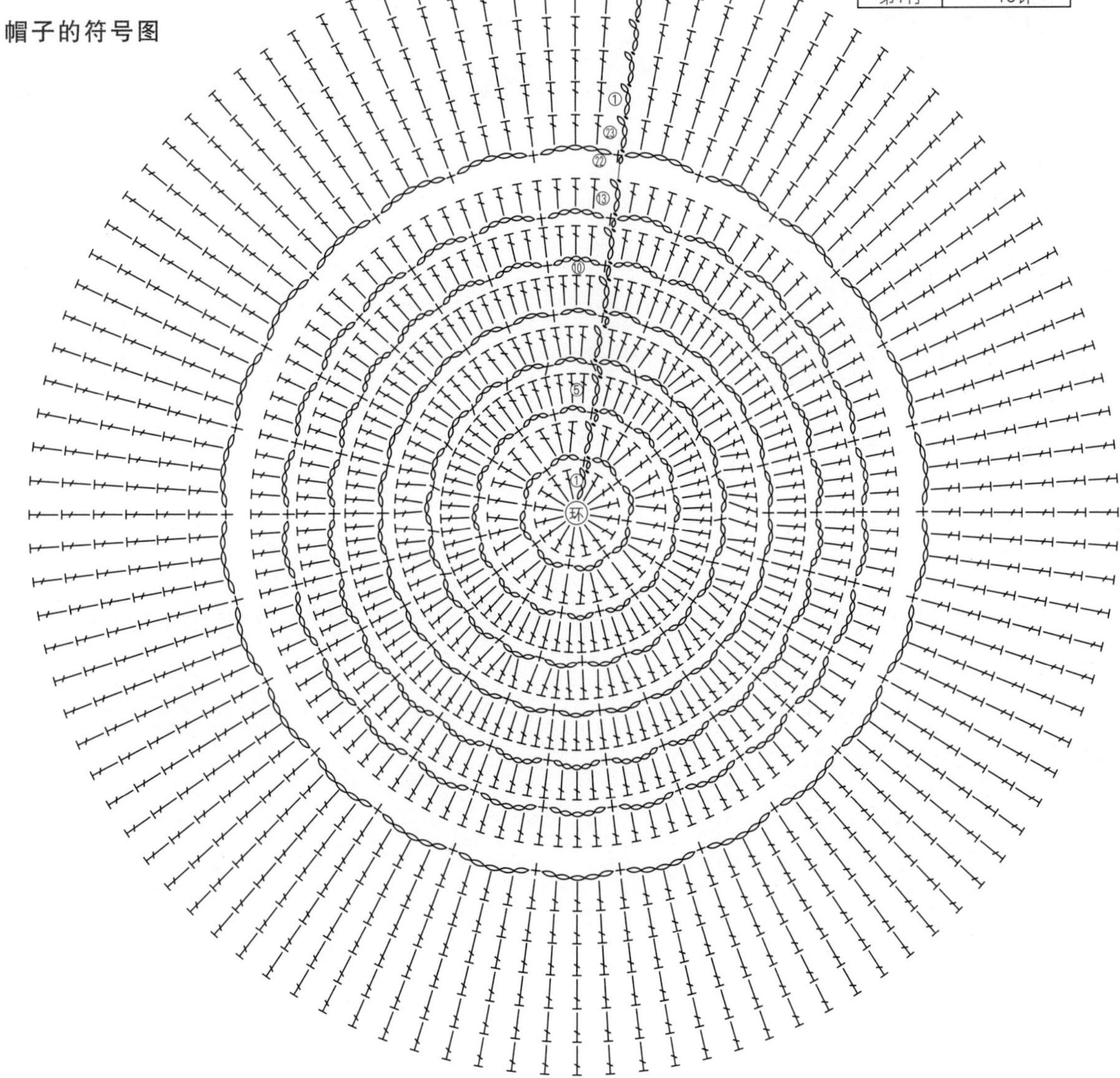

05 棒针编织的婴儿裙

—— p.32

编织要点参照 p.35

身片的符号图

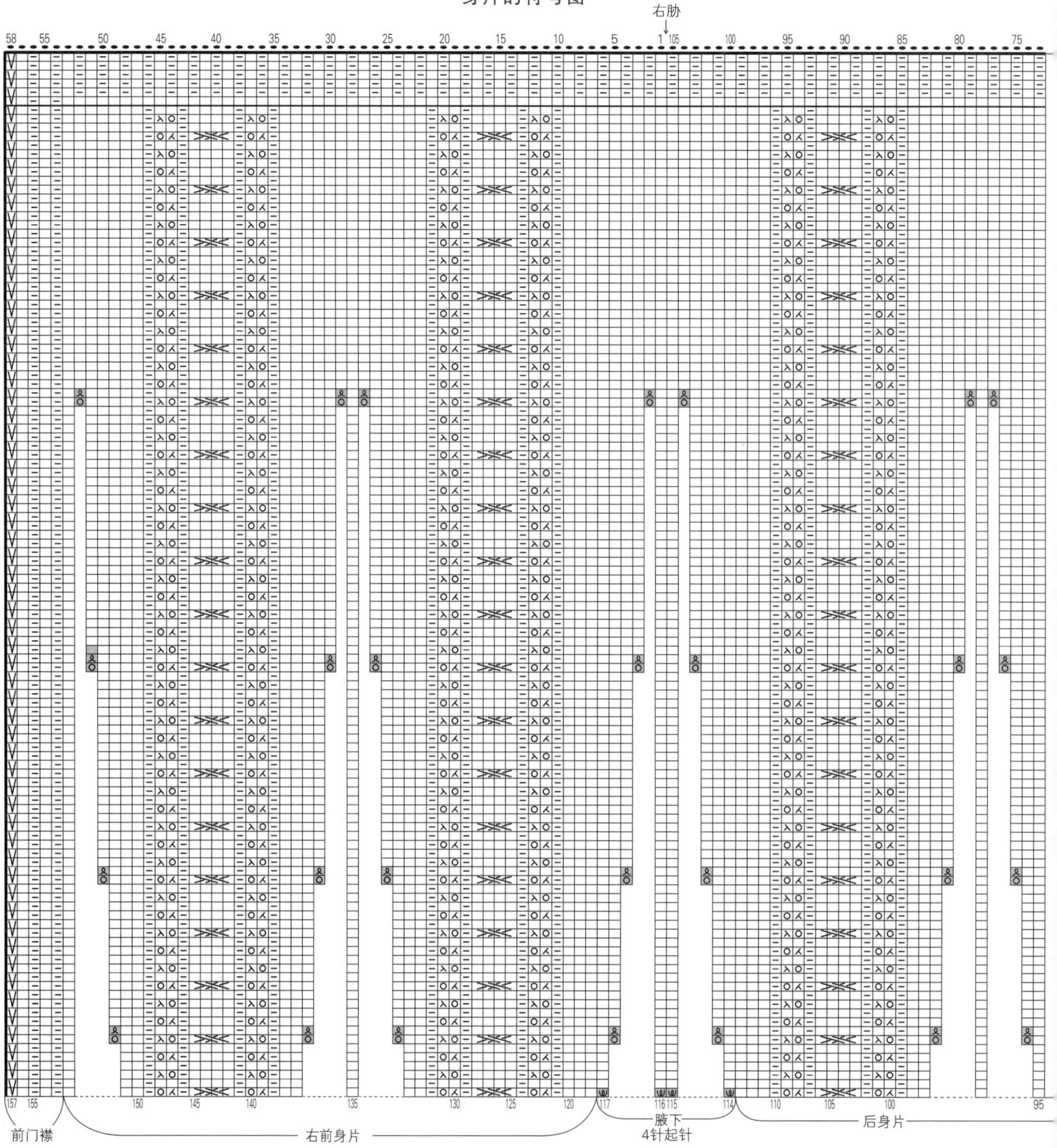

□=□ 下针　加针

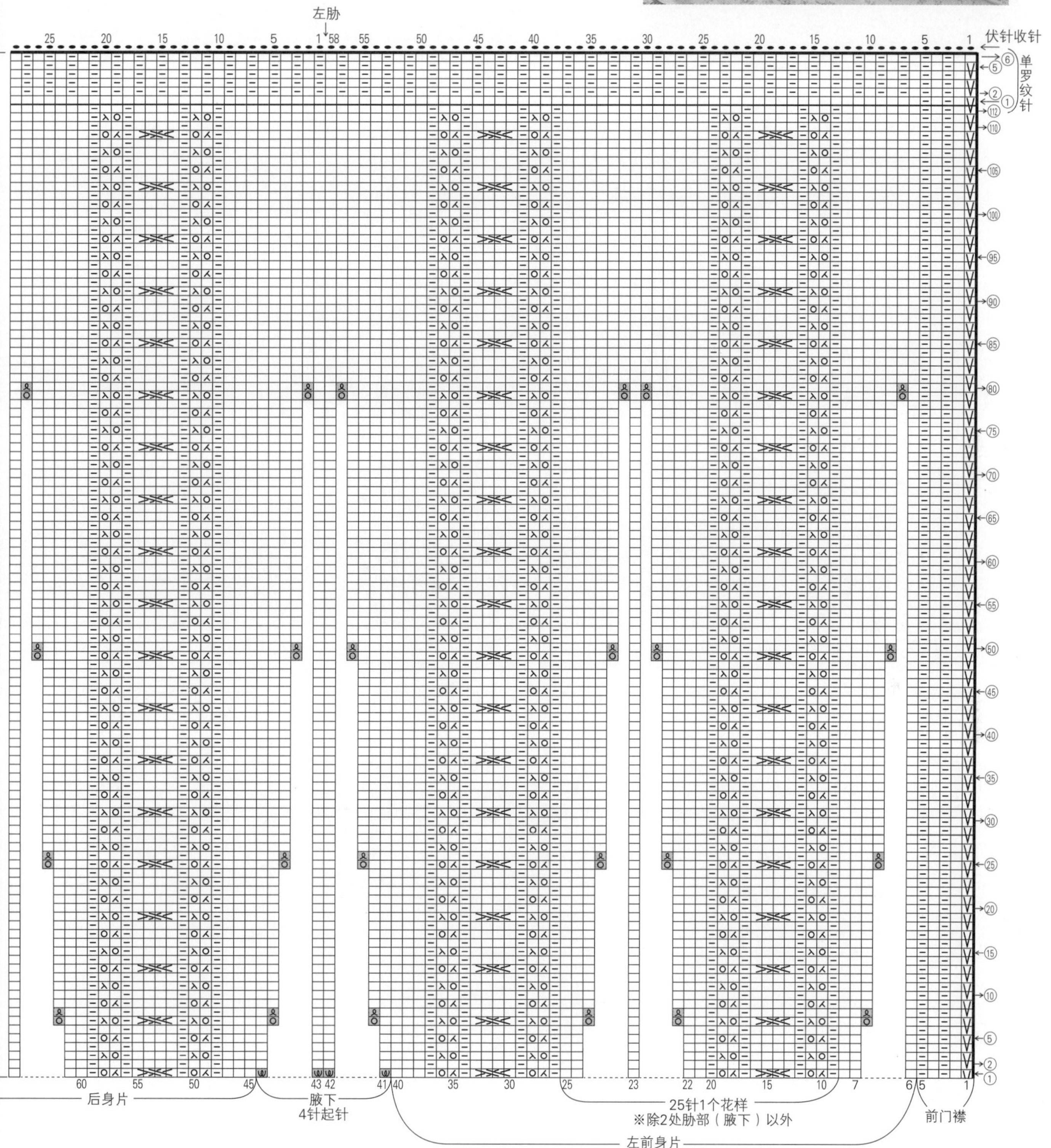

左胁
伏针收针
单罗纹针
后身片
腋下
4针起针
25针1个花样
※除2处胁部（腋下）以外
前门襟
左前身片

针法符号和编织方法

锁针

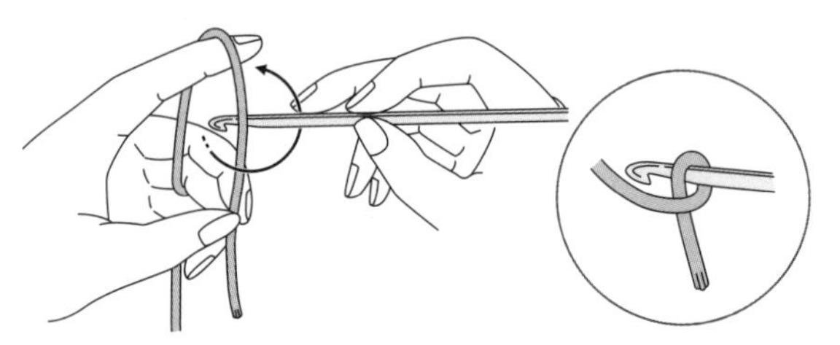

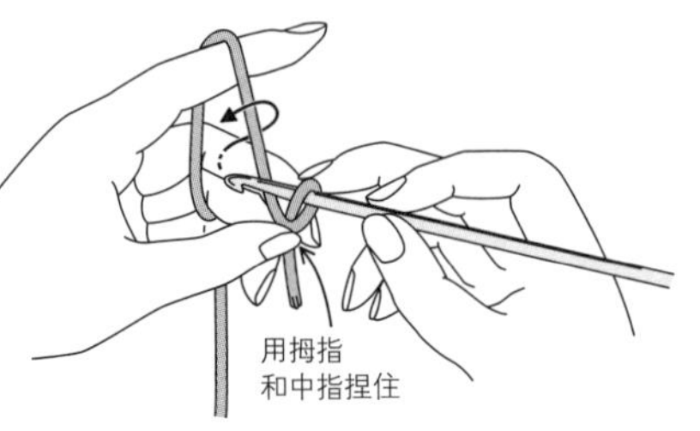

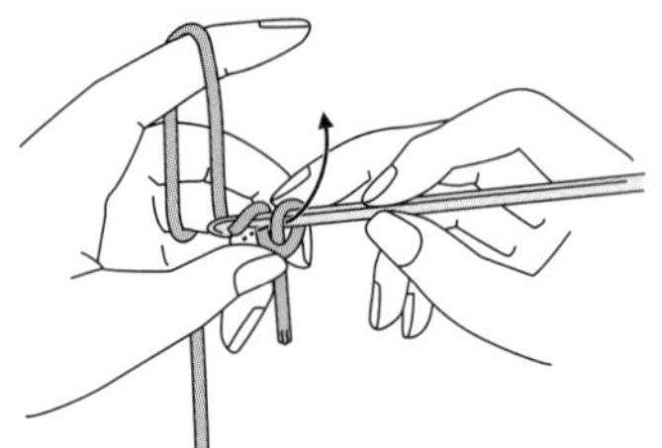

1 将钩针放在线的后面，如箭头所示转动钩针，将线绕在针头上。

2 用拇指和中指捏住线的交叉点制作一个线环，在针头挂线。

3 将步骤 **2** 中的挂线从线环中拉出。

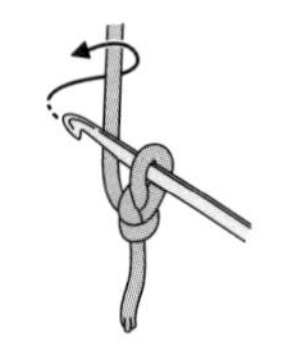

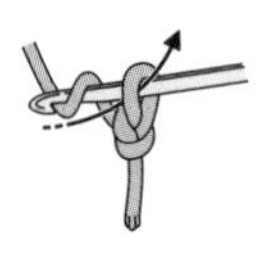

4 拉紧线头，锁针最初的针目完成。此针不计为1针。

5 如箭头所示挂线。

6 将线从针上的线圈中拉出。

7 1针锁针完成。重复步骤 **5**、**6** 钩织所需针数的锁针。

用线头环形起针（第1圈钩短针）

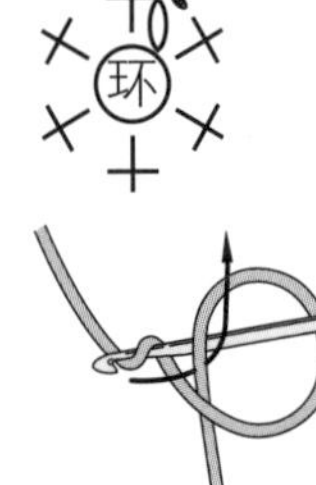

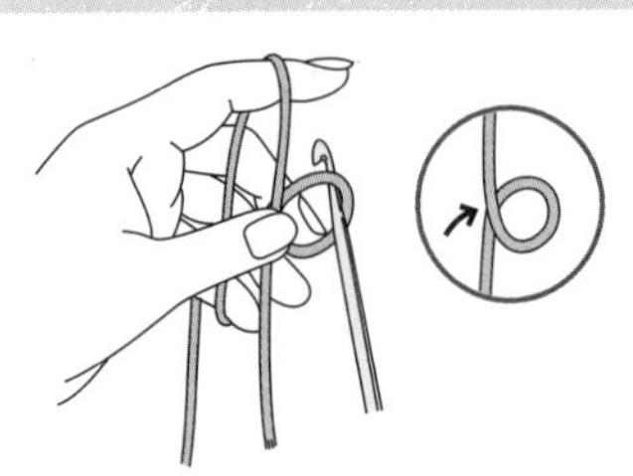

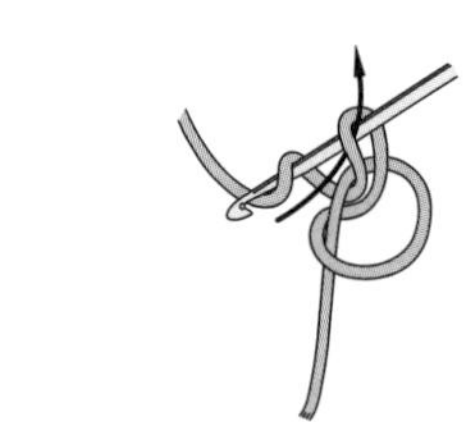

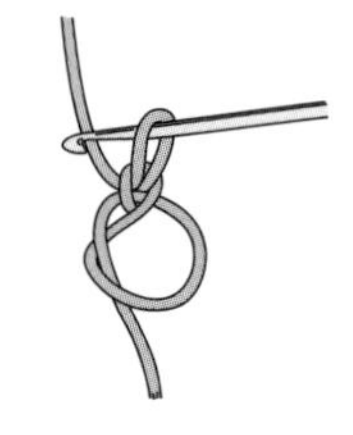

1 按锁针步骤 **1** 的相同要领，在针头挂线制作线环。

2 捏住线环的交叉点，将线从线环中拉出。

3 再次挂线后拉出。

4 环形起针的起始针目完成。此针不计为1针。

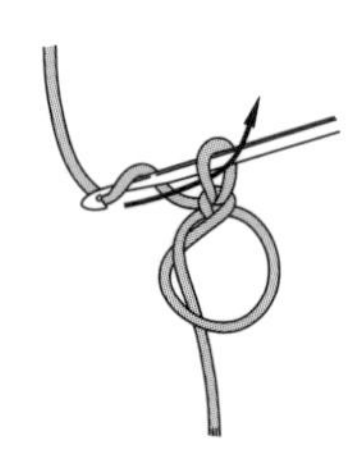

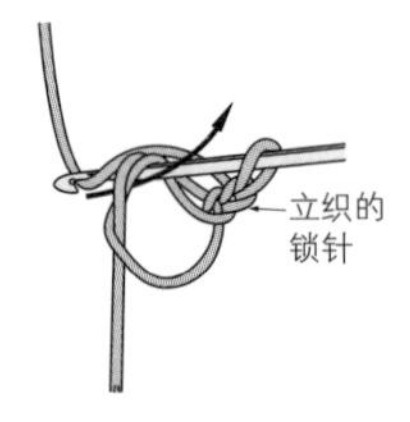

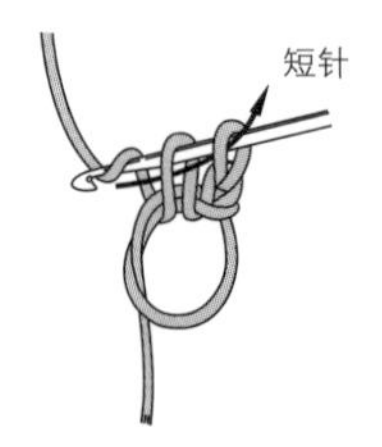

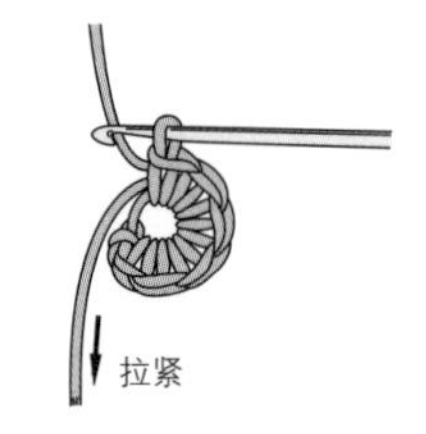

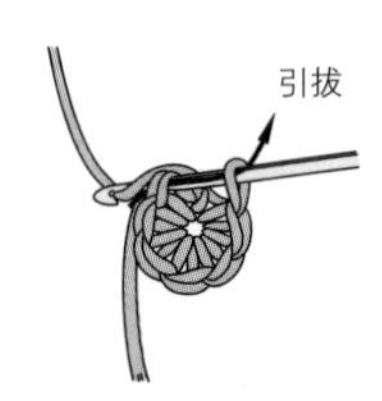

5 挂线后拉出，立织1针锁针。

6 在线环中插入钩针，挂线后拉出。

7 再次挂线，引拔穿过钩针上的2个线圈钩短针。

8 6针短针完成。拉紧线头，收紧线环。

9 在最初的短针中引拔，连接编织起点和编织终点。

钩锁针起针后连接成环形

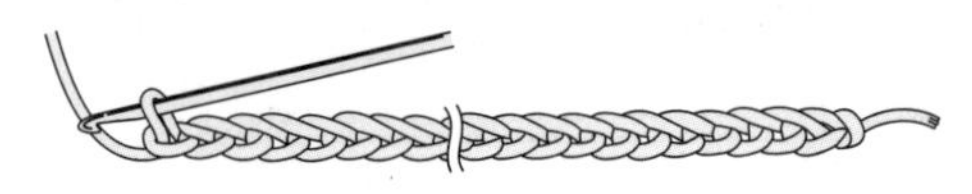

1 钩所需针数的锁针。

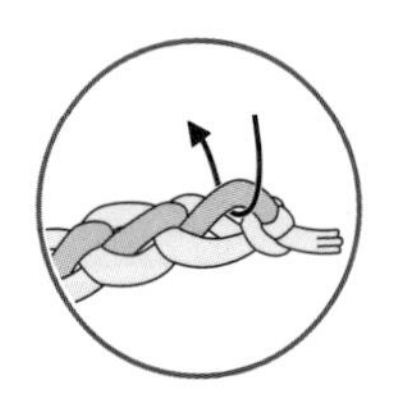

2 在第1针锁针的里山插入钩针，注意锁针针目不要发生拧转。挂线引拔后将锁针连接成环形。

引拔针

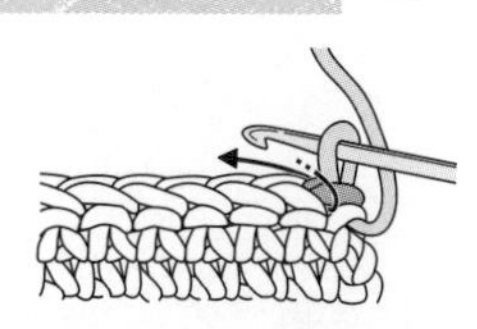

1 在前一行针目的头部插入钩针。

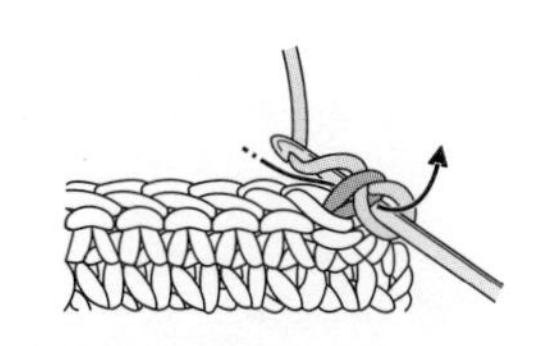

2 挂线，如箭头所示拉出。

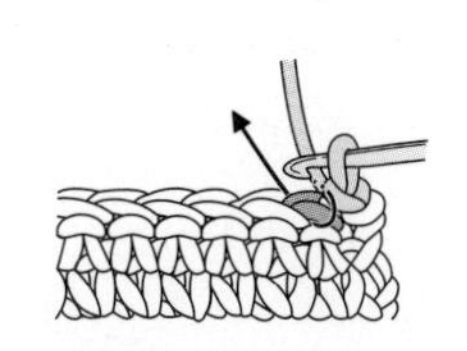

3 在相邻针目里插入钩针，挂线后拉出。

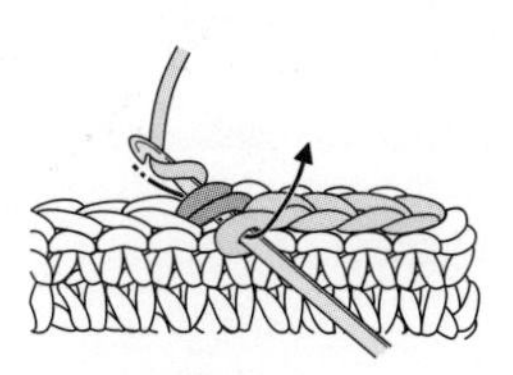

4 重复步骤 **3**。

短针

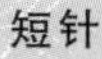

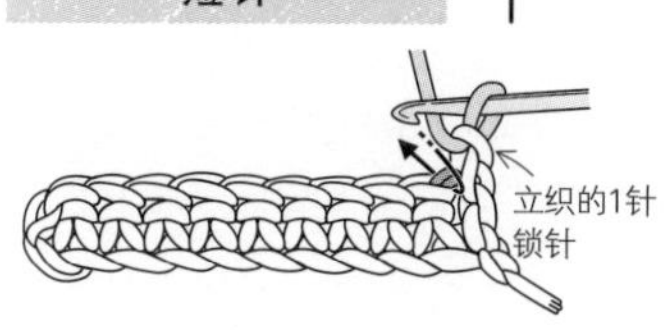

1 在前一行针目的头部插入钩针。

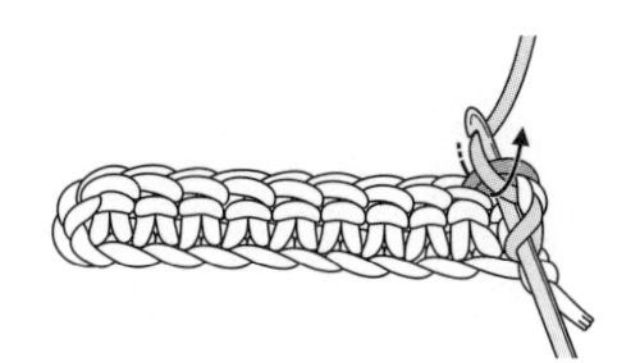

2 在钩针上挂线后拉出。

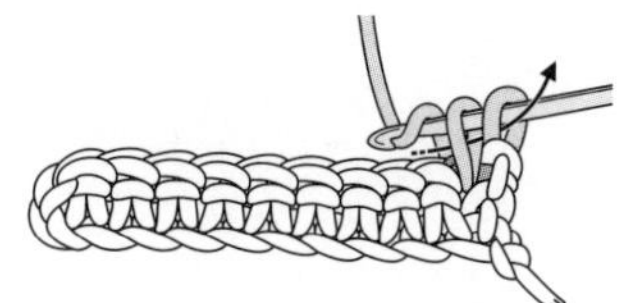

3 在针头挂线，一次引拔穿过钩针上的2个线圈。

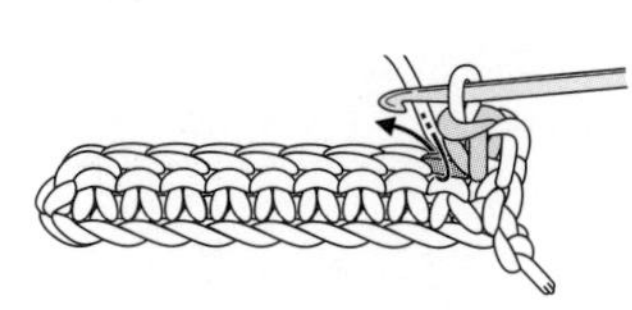

4 短针完成。重复步骤 **1~3**。

长针

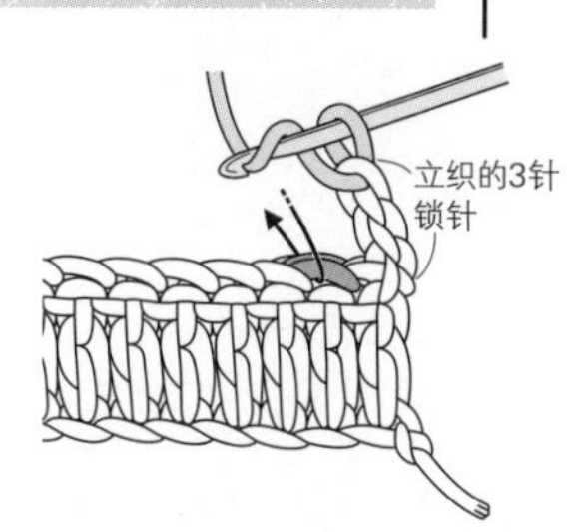

1 在钩针上挂线，在前一行针目的头部插入钩针。

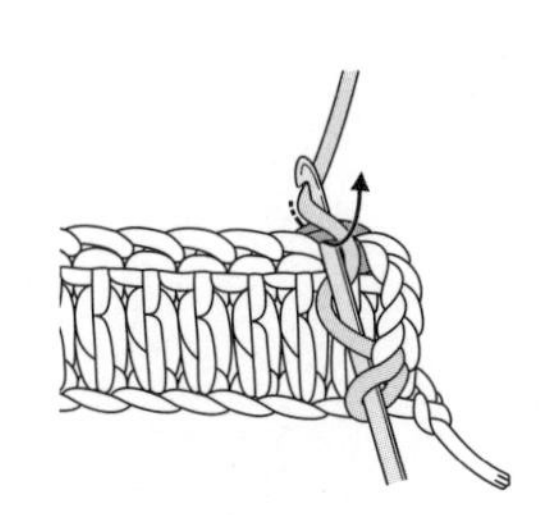

2 在钩针上挂线，如箭头所示将线拉出。

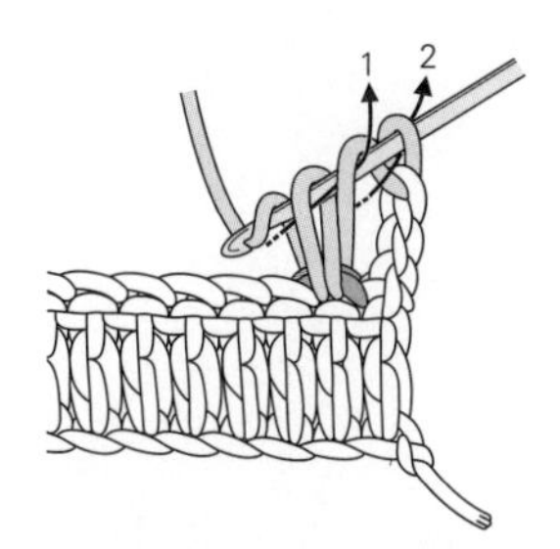

3 在针头挂线，按箭头所示顺序依次引拔穿过钩针上的2个线圈。

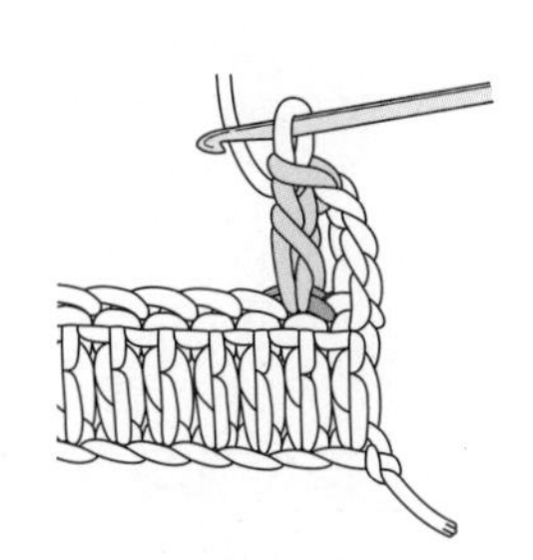

4 长针完成。重复步骤 **1~3**。

2针长针并1针

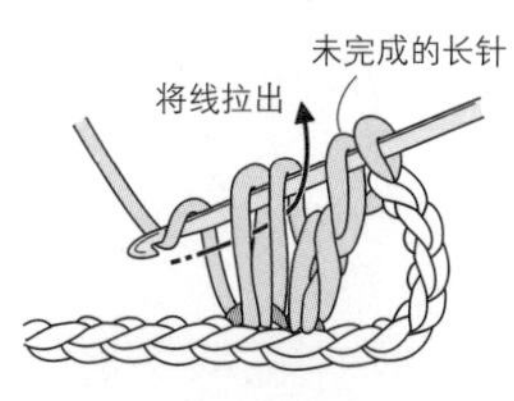

1 钩1针未完成的长针，然后在钩针上挂线，在相邻针目里插入钩针。

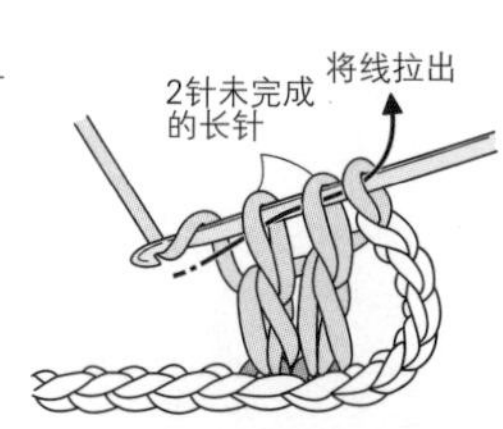

2 钩2针未完成的长针后再次挂线，一次引拔穿过钩针上的3个线圈。

3 2针长针并1针完成。

3针长针并1针

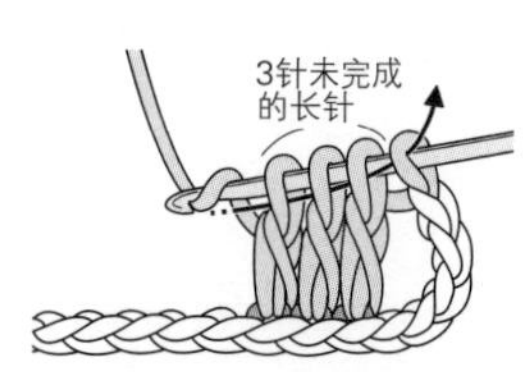

1 钩3针未完成的长针，一次引拔穿过钩针上的4个线圈。

2 3针长针并1针完成。

3针短针并1针

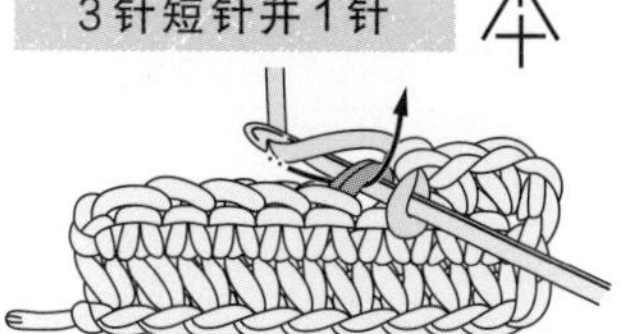

1 在前一行针目里插入钩针，将线拉出（未完成的短针）。

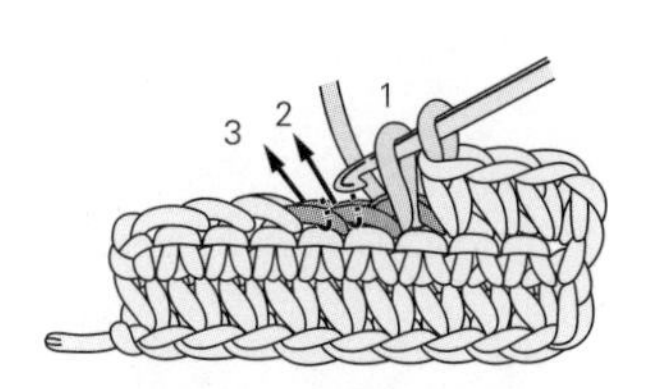

2 按步骤 **1** 相同要领，按箭头所示2、3的顺序，依次插入钩针后将线拉出。

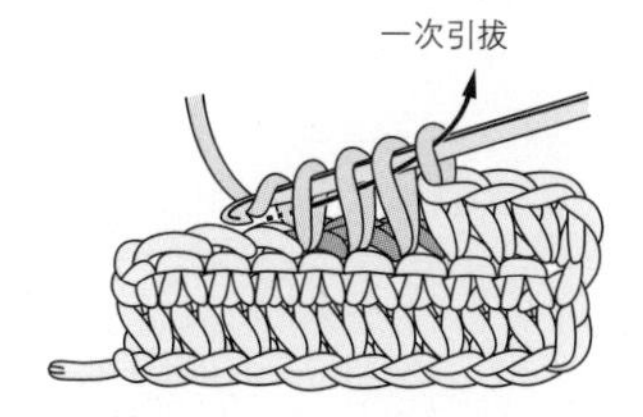

3 挂线，一次引拔穿过钩针上的4个线圈。

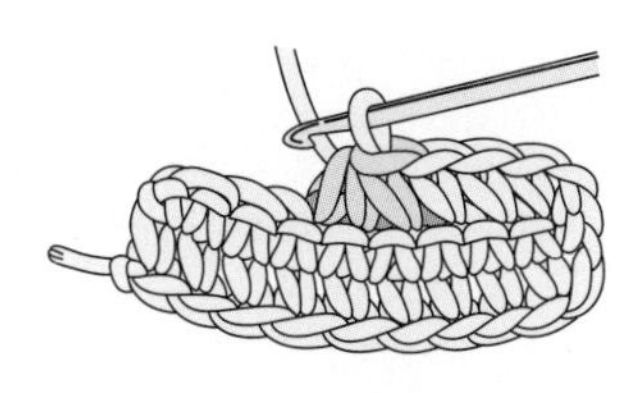

4 3针短针并1针完成。

针法符号和编织方法

手指挂线起针

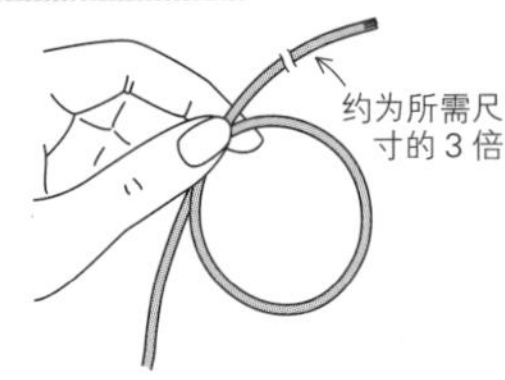

1 留出长度约为所需尺寸3倍的线头。制作线环并捏住交叉点。

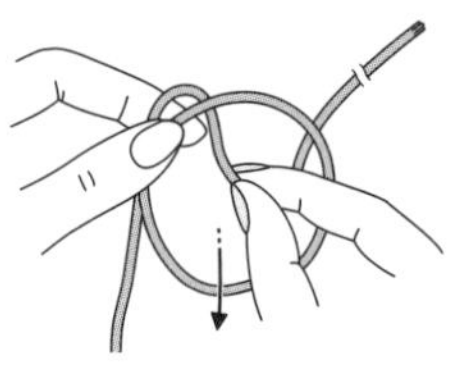

2 从线环中拉出线头一侧的线。

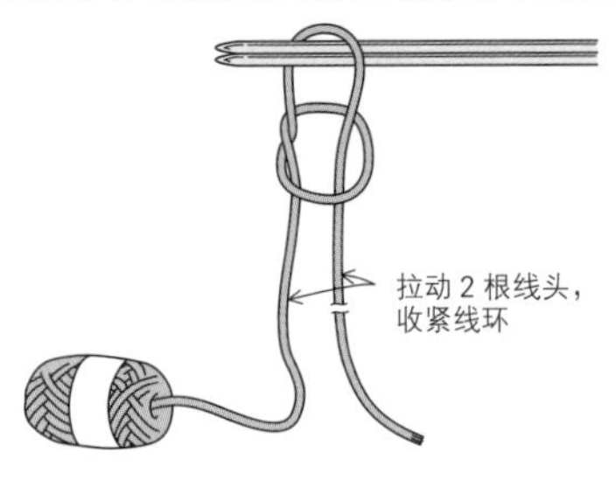

3 在拉出的线圈中插入2根棒针，收紧线环。

4 针上起好了第1针。将线头端的线挂在拇指上，将线团端的线挂在食指上。

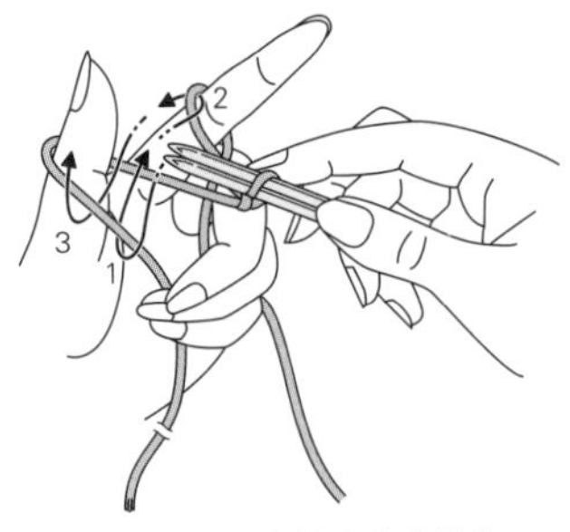

5 按箭头所示顺序转动针头挂线。

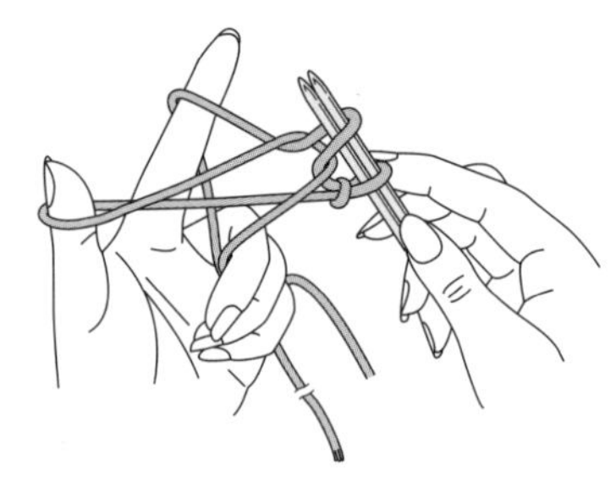

6 第2针挂在了针头。退出拇指。

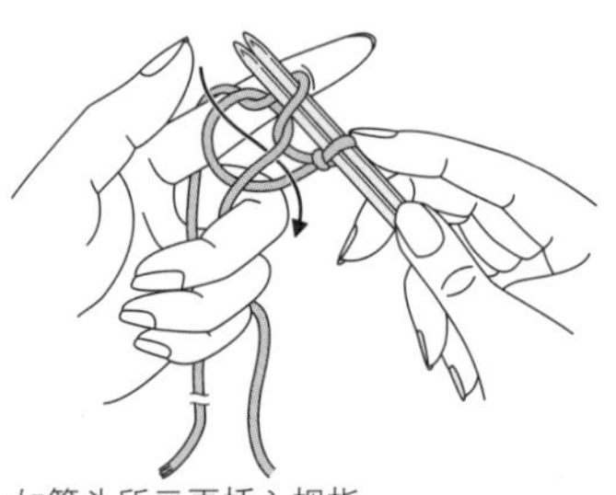

7 如箭头所示再插入拇指。

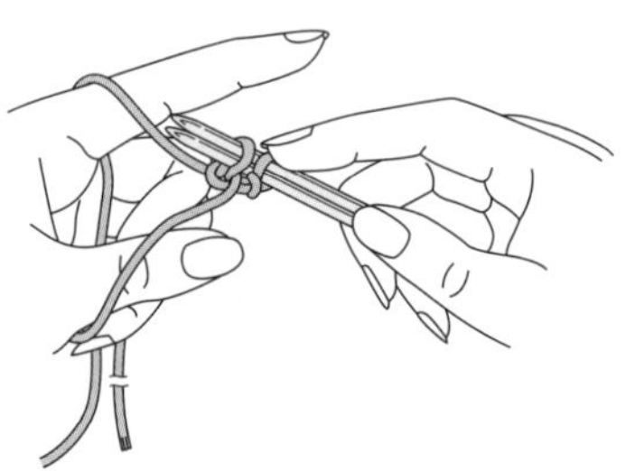

8 伸直拇指，收紧针头的针目。第2针完成。重复步骤5~8。

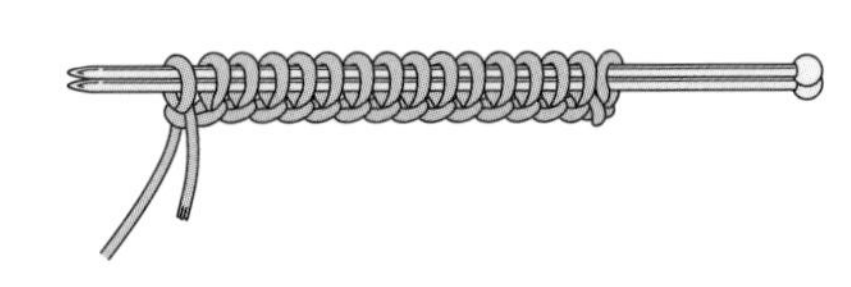

9 起好所需针数后，抽出1根棒针。针上起好的针目就是第1行。

环形编织

1 使用针头没有防脱堵头的4根针（或5根针）。起好所需针数，然后将针目3等分。

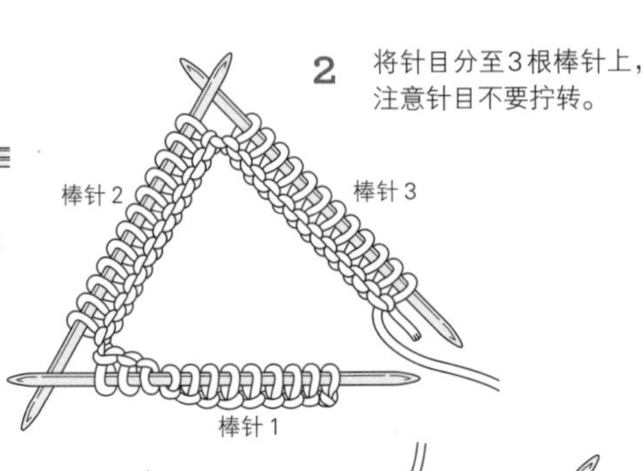

2 将针目分至3根棒针上，注意针目不要拧转。

3 将编织用线挂在手指上，将第4根棒针插入棒针1的针目里开始编织。

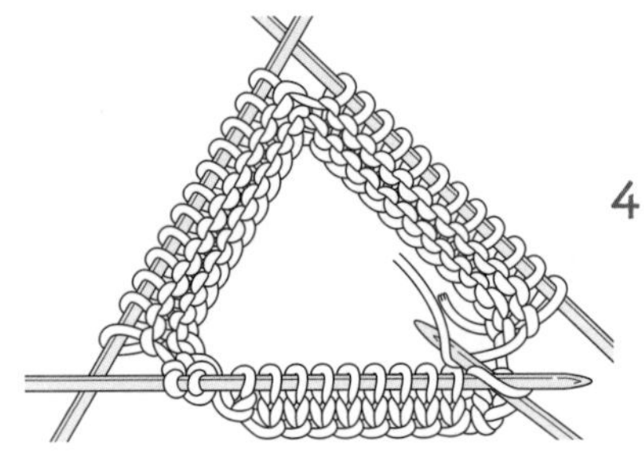

4 第2行环形编织完成。从第3行开始按相同要领编织，为了使棒针与棒针交界处的针目不要变松，可以错开针上的针数进行编织。

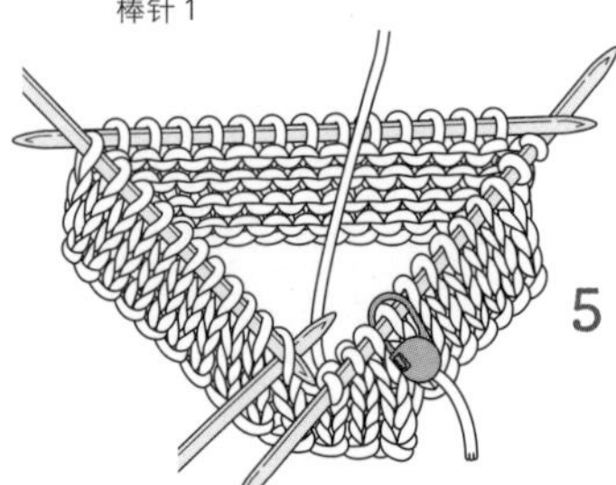

5 不要忘了编织时加上记号扣，这样编织起点和终点的交界处就可以一目了然。

下针

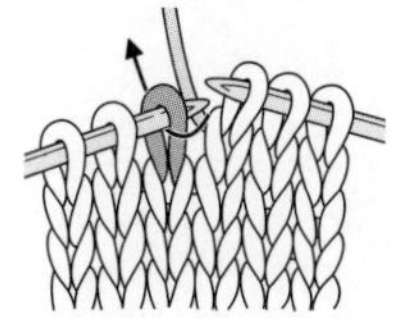

1 将编织用线放在左棒针的后面，从针目前面插入右棒针。

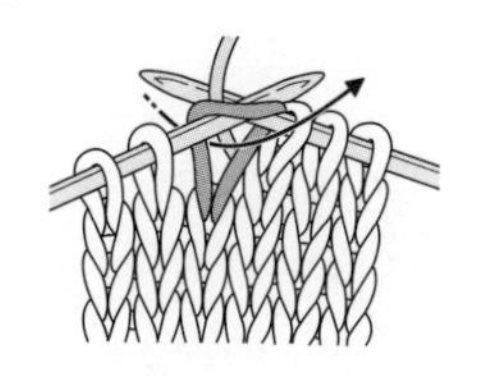

2 在针头挂线后，如箭头所示拉出。

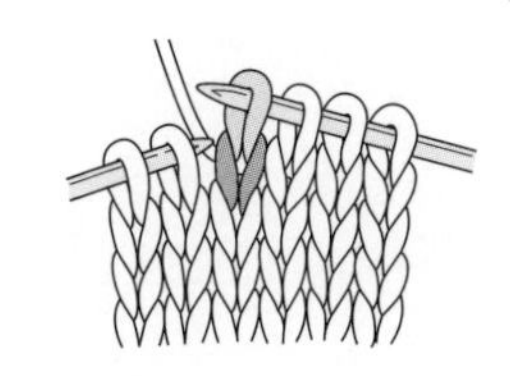

3 下针完成。

挂针

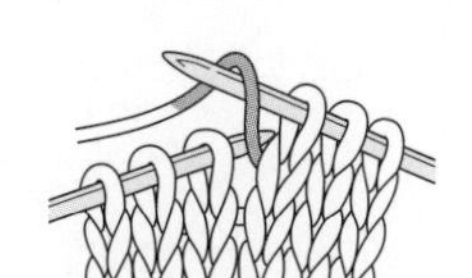

1 将编织用线从前往后挂在右棒针上。

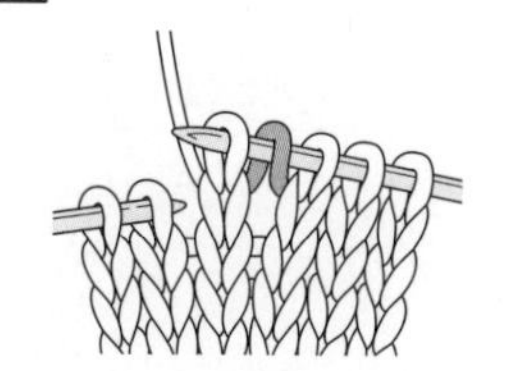

2 挂针完成。织完下一个针目后，挂针就固定下来了。

上针

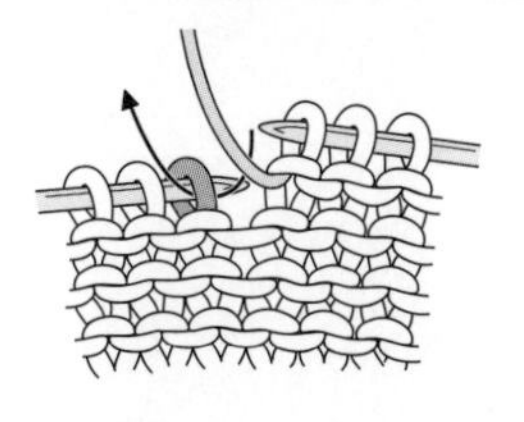

1 将编织用线放在左棒针的前面，从针目后面插入右棒针。

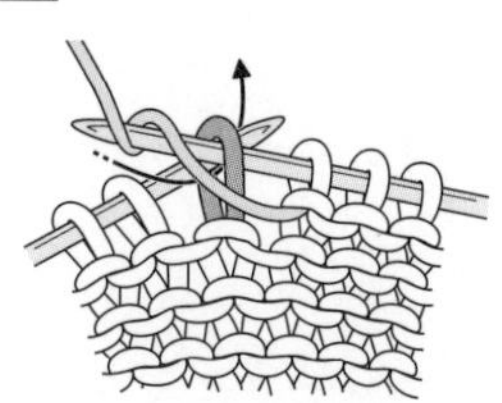

2 在针头挂线后如箭头所示拉出。

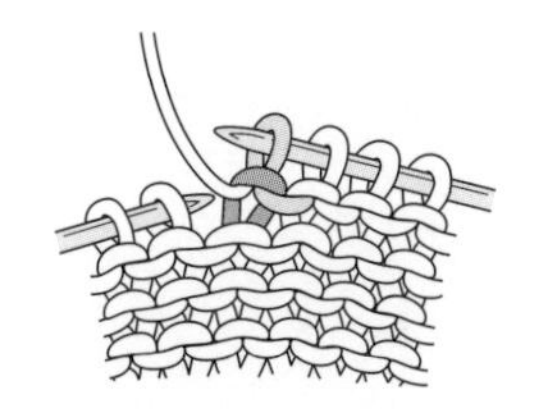

3 上针完成。

扭针

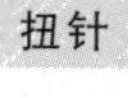

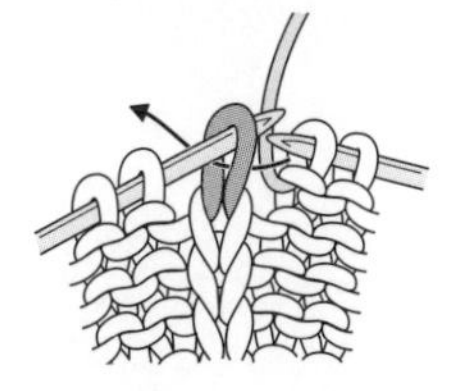

1 如箭头所示，从针目的后面插入右棒针。

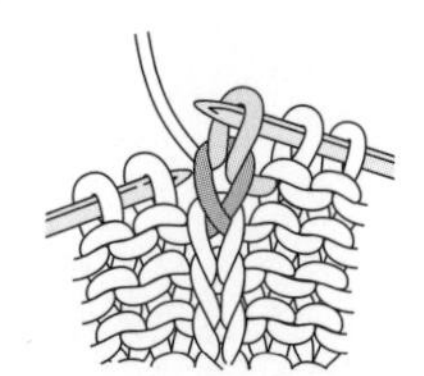

2 在针头挂线后拉出。前一行的针目呈扭转状态。

上针的扭针

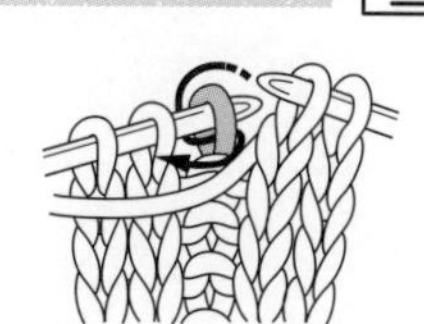

1 将线放在前面，如箭头所示插入右棒针。

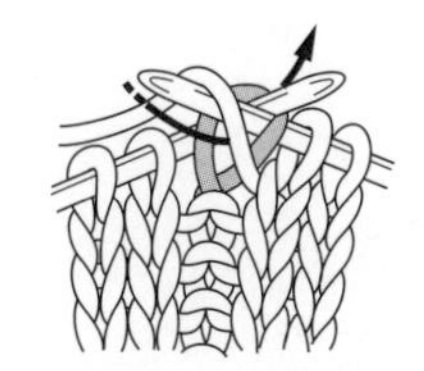

2 挂线，如箭头所示拉出。

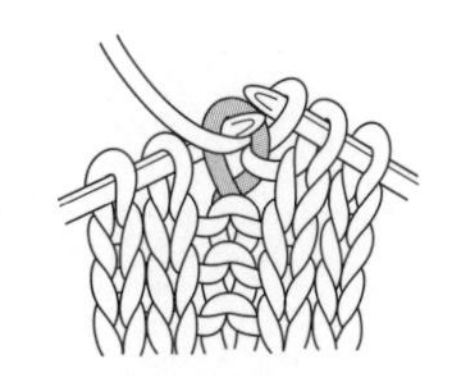

3 上针的扭针完成。

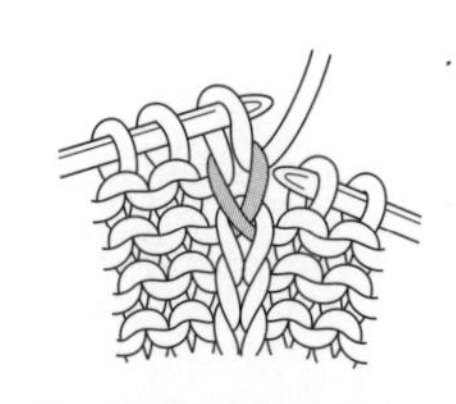

4 针目的反面呈扭转状态。

右上2针交叉

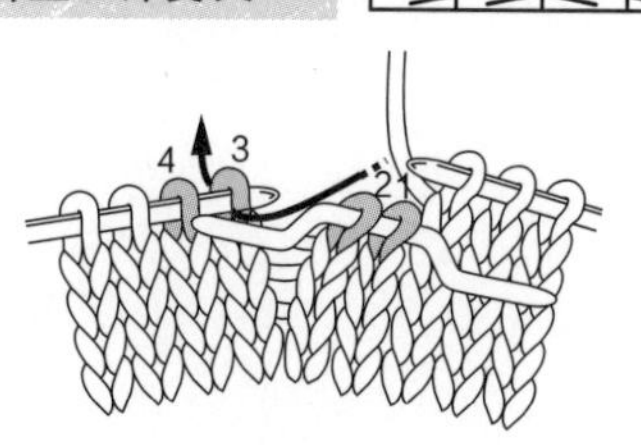

1 将针目1、2移至麻花针上，放在前面休针。

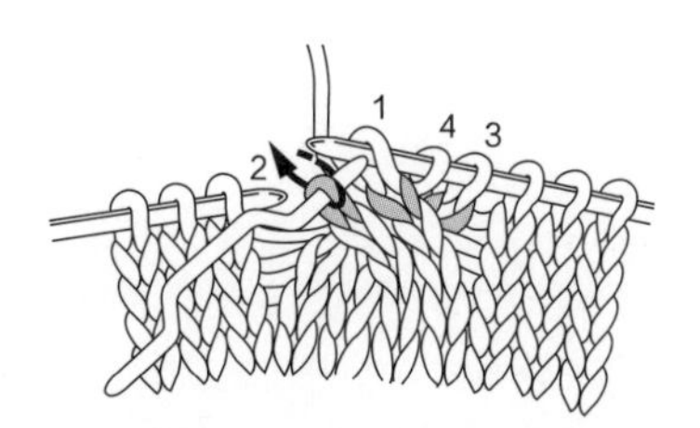

2 先在针目3、4里织下针，然后在针目1、2里织下针。

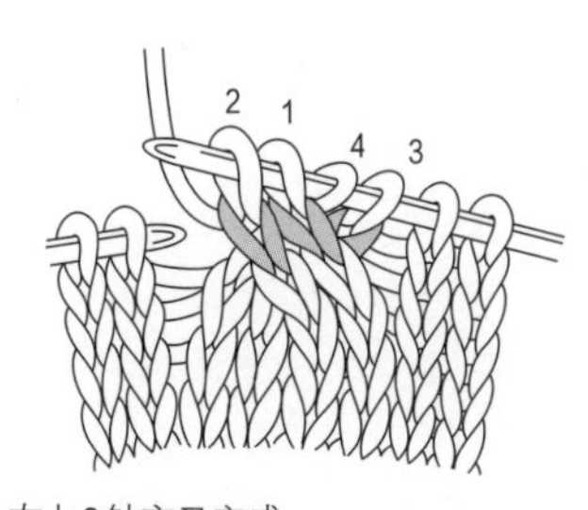

3 右上2针交叉完成。

卷针加针

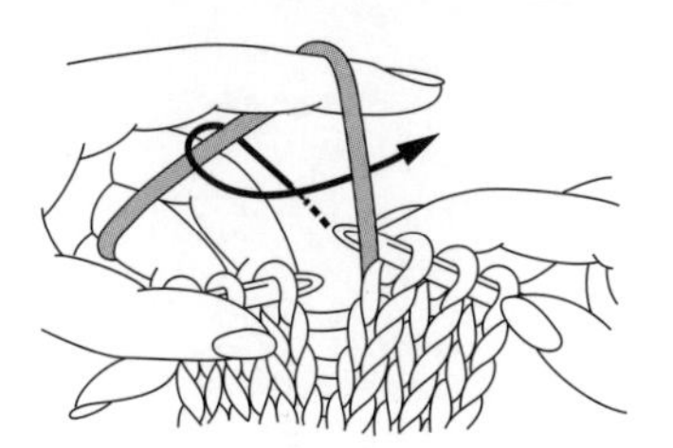

1 在食指上挂线，然后如箭头所示插入右棒针。

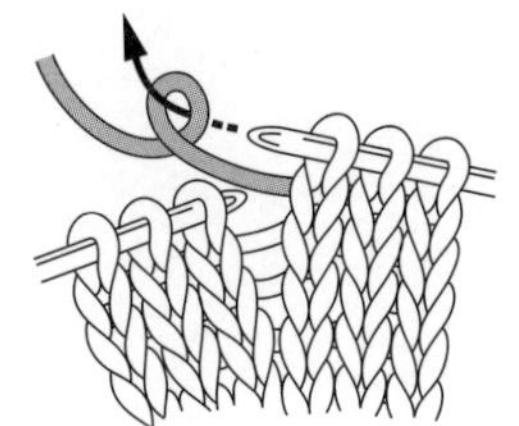

2 退出手指。

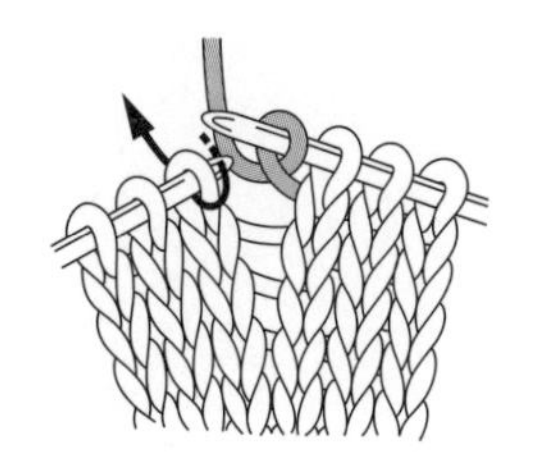

3 继续编织下一个针目。

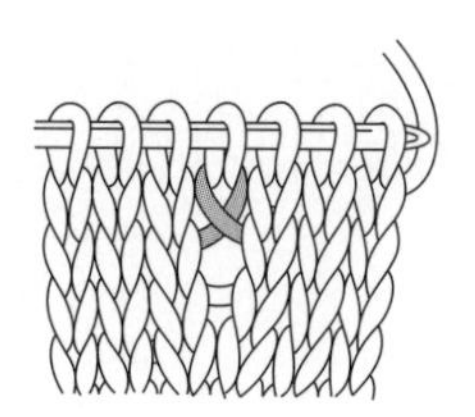

4 针目与针目之间完成了1针的卷针加针。

右上2针并1针

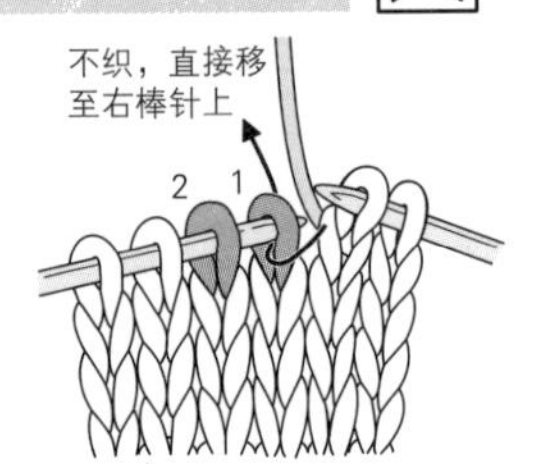

1 如箭头所示插入棒针，不织，直接将针目1移至右棒针上。

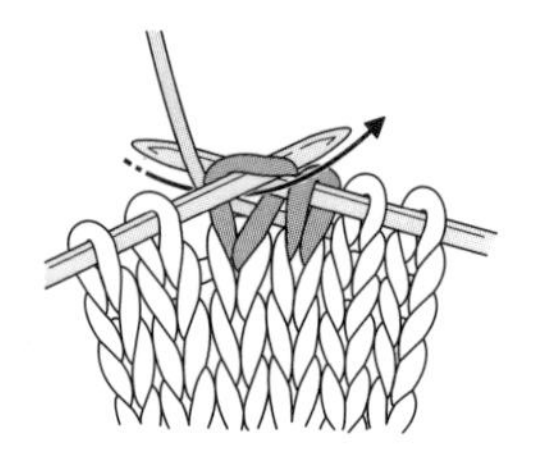

2 编织针目2。

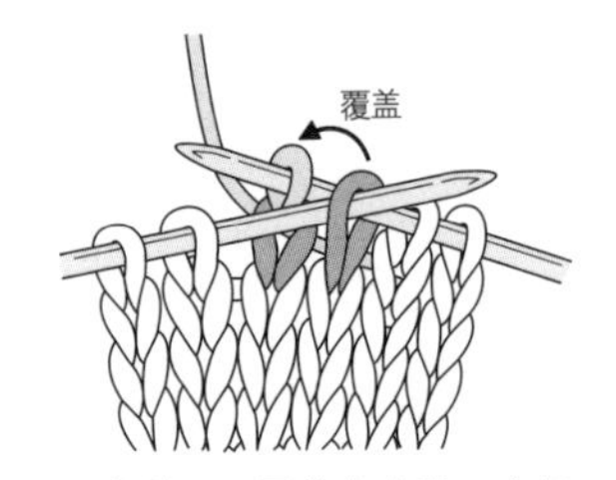

3 将针目1覆盖在步骤2中织好的针目2上。

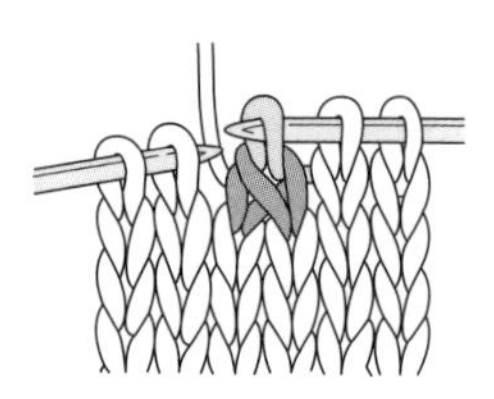

4 右上2针并1针完成。

左上2针并1针

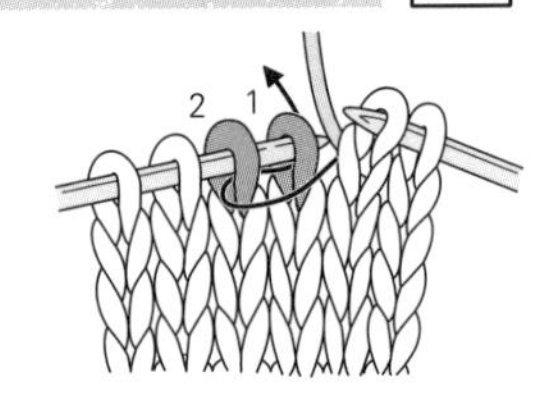

1 如箭头所示，按2、1的顺序插入右棒针。

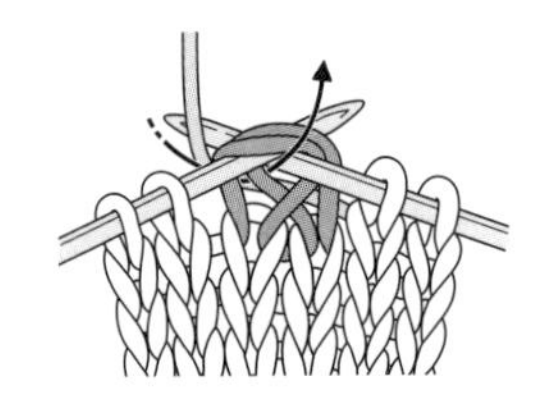

2 挂线后拉出。

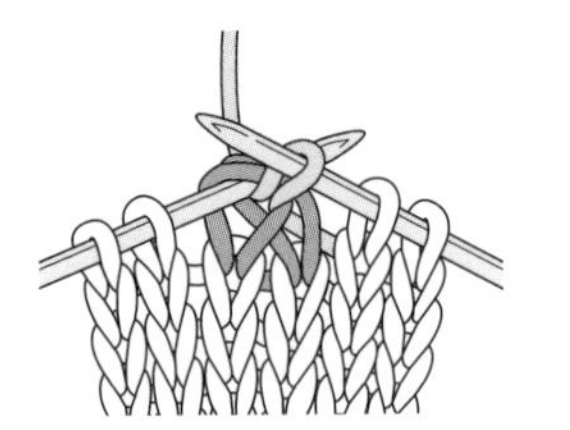

3 退出左棒针。

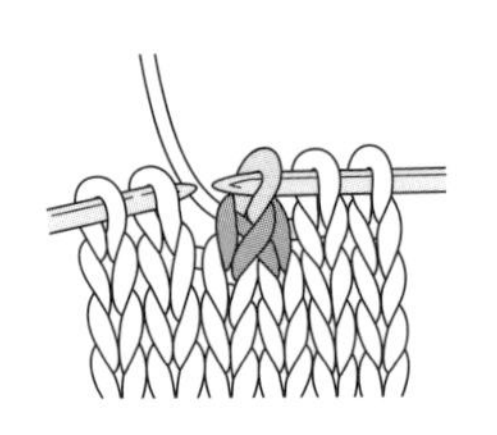

4 左上2针并1针完成。

上针的左上2针并1针

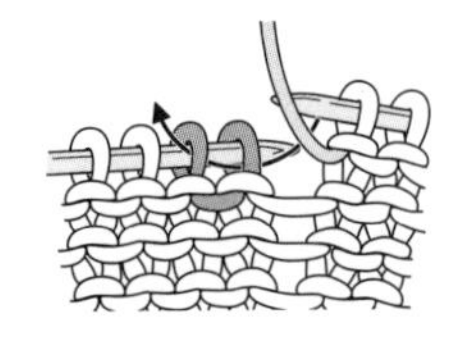

1 如箭头所示在2个针目里插入棒针，织上针。

2 上针的左上2针并1针完成。

滑针（下针）

⇐ ●
⇒ ×

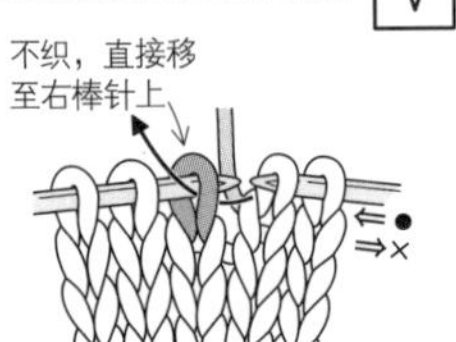

1 将线放在后面，如箭头所示在针目中插入棒针，不织，直接将针目移至右棒针上。

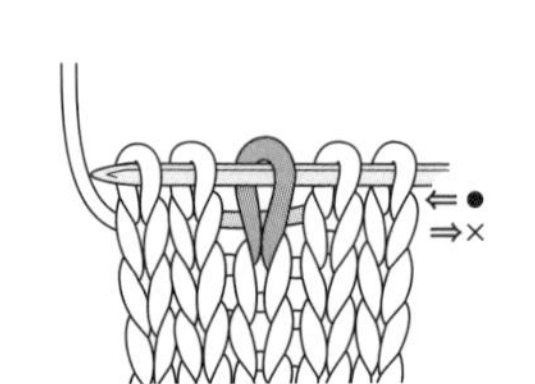

2 滑针完成。

左上2针并1针和挂针

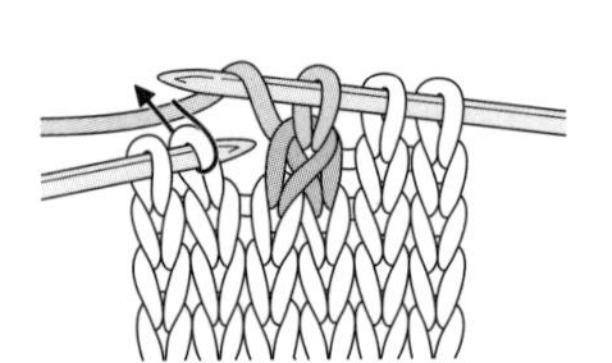

1 先织左上2针并1针，然后挂针。

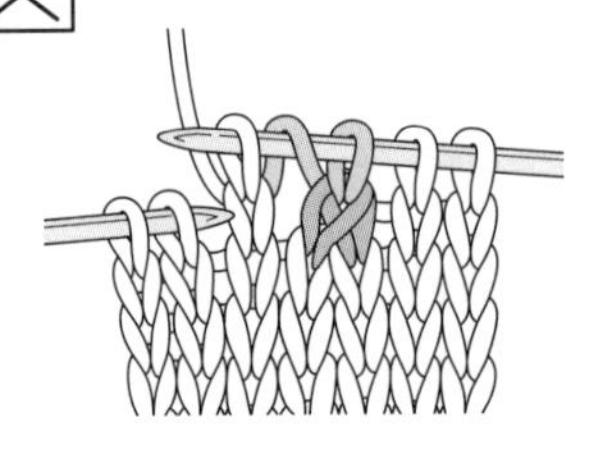

2 这就是左上2针并1针和挂针的组合。

挂针和右上2针并1针

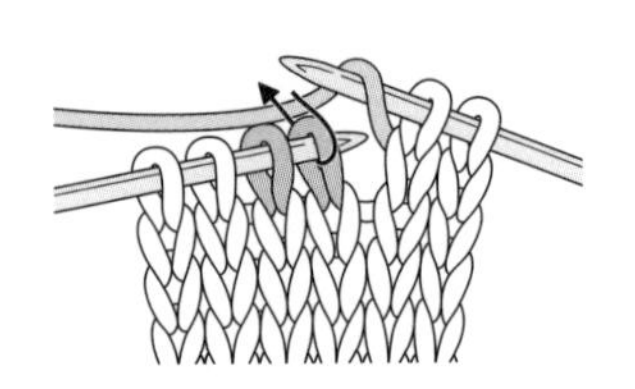

1 先挂针，然后在后面2个针目里织右上2针并1针。

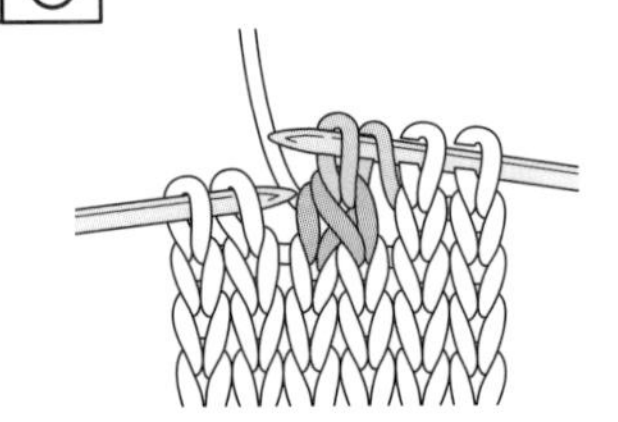

2 这就是挂针和右上2针并1针的组合。

1针的扣眼（单罗纹针）

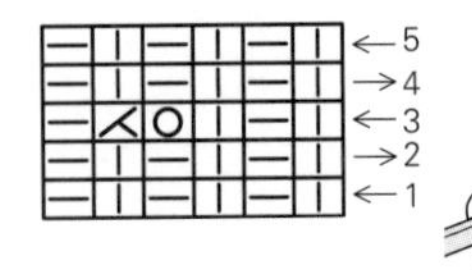

● 第3行

1 在上针前面挂针，然后在后面的2个针目里织左上2针并1针。

2 挂针和左上2针并1针完成。

● 第4行

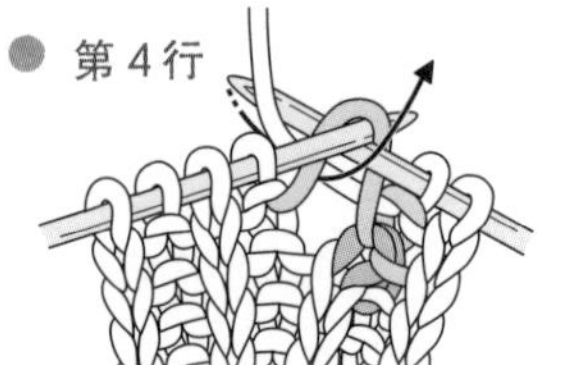

3 在前一行的2针并1针里织上针，在挂针里织下针。

4 从正面看到的完成状态。

伏针

● 下针编织

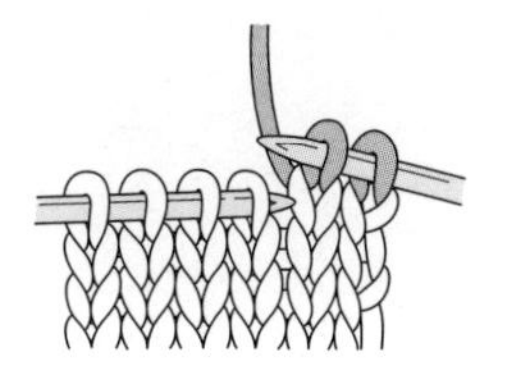

1 边上的2针织下针。

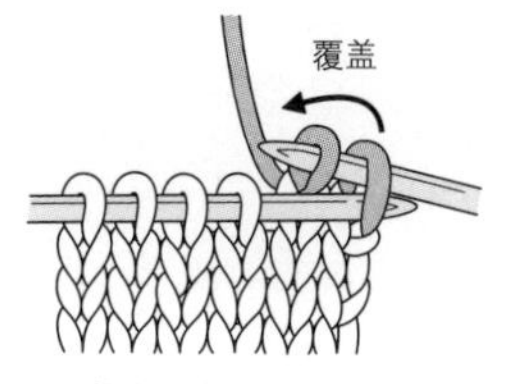

2 将第1针覆盖在第2针上。

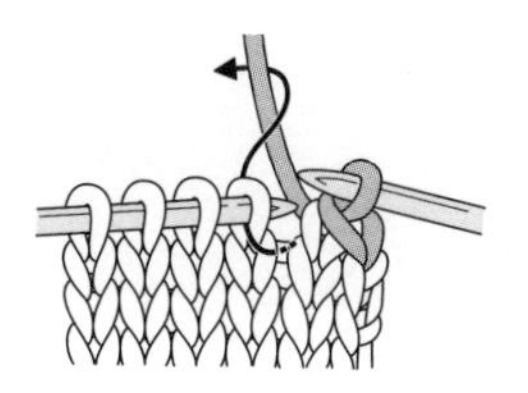

3 织完下一个下针后，将前一针覆盖在该针目上。重复此操作。

● 上针编织

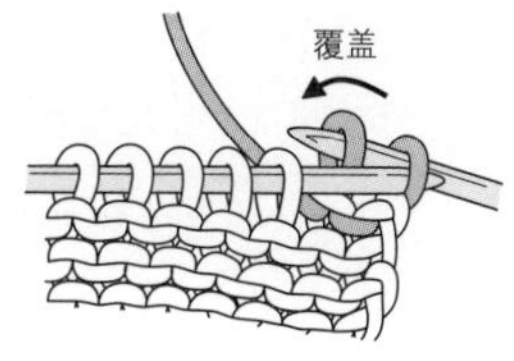

1 边上的2针织上针。将第1针覆盖在第2针上。

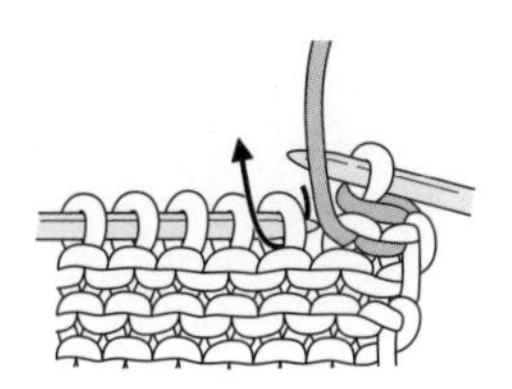

2 织完下一个上针后，将前一针覆盖在该针目上。重复此操作。

● 单罗纹针

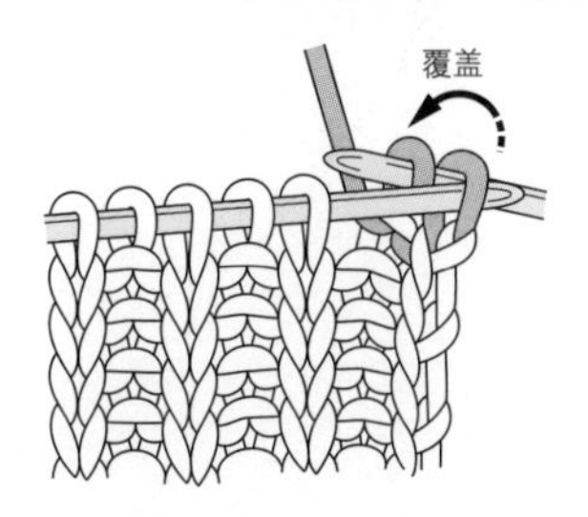

1 边上的2针按前一行的针目分别织下针和上针。将第1针覆盖在第2针上。

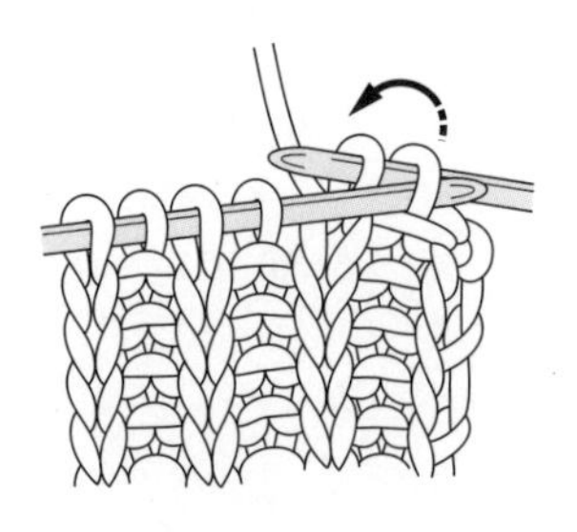

2 下一个针目织下针，将前一针覆盖在该针目上。

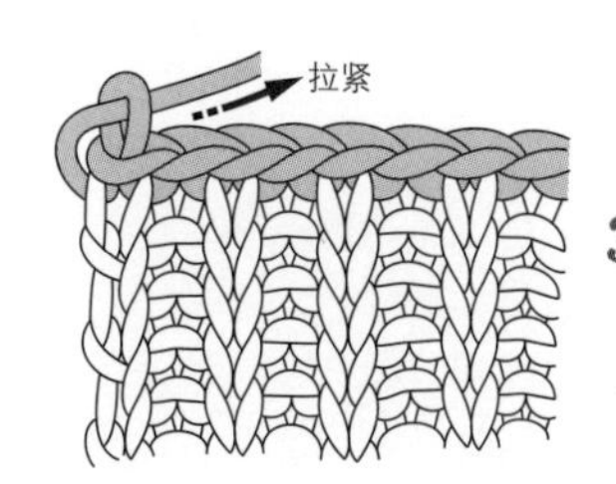

3 按前一行的针目编织下一个针目，再将前一针覆盖在该针目上。重复此操作。

在编织中途换线

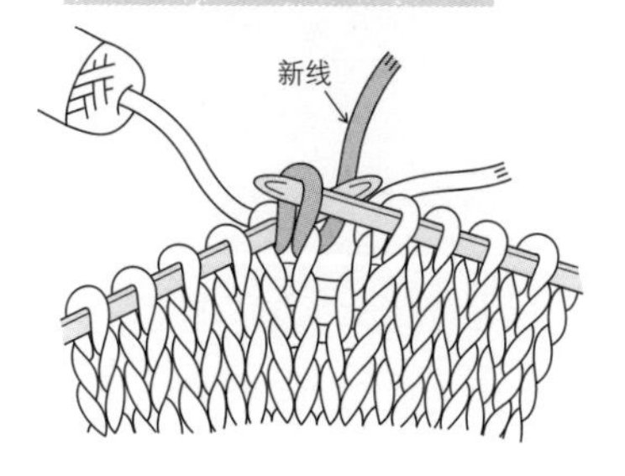

1 将前面编织的线放在织物的后面，用新线开始编织。

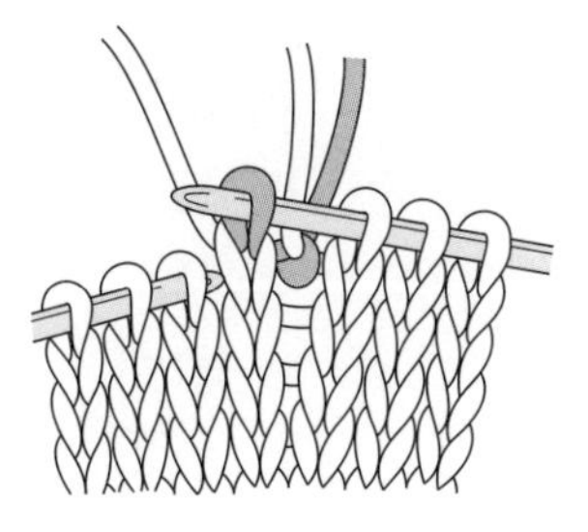

2 在反面将线头轻轻地打一个活结。

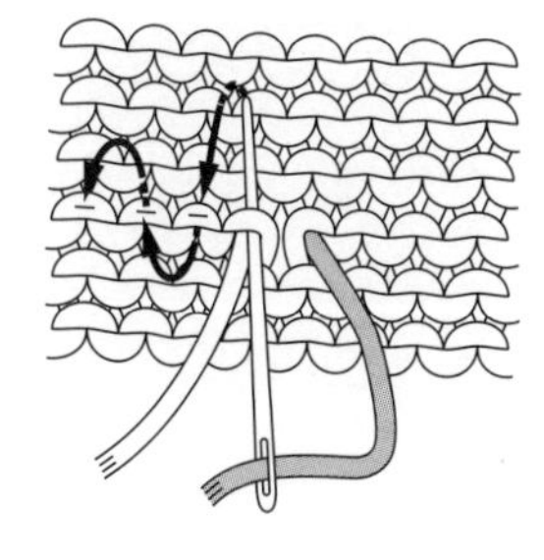

3 解开活结，将右边的线头穿入左边针目的线里。

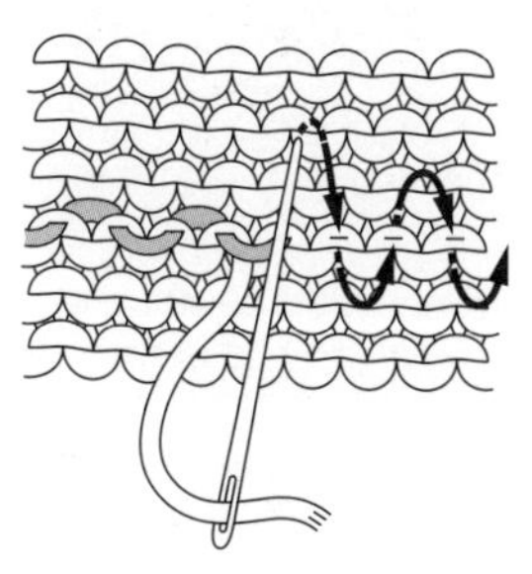

4 将左边的线头穿入右边针目的线里，做好线头处理。

● 想用不同线材编织时的选线要领

选择线材时需要注意针具的型号、线的重量及线长。对比作品使用的线材，如果选择的线在这2点上比较接近，编织失败的可能性就比较低。有时因为线的特性不同，即使粗细差不多，使用的针号也会大相径庭。不要光看线的表面，一定要确认标签。无论选择哪种线材，在真正开始编织前请务必先编织样片，测量密度。等到编织若干件作品后，技法熟练了，再来尝试各种不同的应用变化，也一定非常有趣！

作者介绍

河合真弓

日本宝库编织指导员培训学校毕业后，曾在Eiko Tobinai主办的“Tobinai工作室”担任助理，随后自立门户。现活跃于多个领域，经常在编织时尚杂志、手工杂志以及各大线商刊物上发表各种各样的手编作品。

TOJI HAGI NASHI KANTAN KAWAII BABY NO KNIT（NV70438）

Photographers: YUKARI SHIRAI, NOBUHIKO HONMA
Original Japanese edition published in Japan by NIHON VOGUE CO., LTD.
Simplified Chinese translation rights arranged with BEIJING BAOKU INTERNATIONAL CULTURAL DEVELOPMENT Co., Ltd.

备案号：豫著许可备字2018-A-0042

图书在版编目（CIP）数据

无须拼接或缝合的可爱宝贝服饰钩编 /（日）河合真弓著；蒋幼幼译. —郑州：河南科学技术出版社，2021.2

ISBN 978-7-5725-0217-0

Ⅰ.①无…　Ⅱ.①河…　②蒋…　Ⅲ.①童服-钩针-编织-图集　Ⅳ.①TS935.521-64

中国版本图书馆CIP数据核字（2020）第261959号

出版发行：河南科学技术出版社
地址：郑州市郑东新区祥盛街27号　邮编：450016
电话：（0371）65737028　65788613
网址：www.hnstp.cn
策划编辑：刘　欣
责任编辑：刘　瑞
责任校对：王晓红
封面设计：张　伟
责任印制：张艳芳
印　　刷：北京盛通印刷股份有限公司
经　　销：全国新华书店
开　　本：889 mm × 1194mm　1/16　印张：5　字数：180千字
版　　次：2021年2月第1版　2021年2月第1次印刷
定　　价：49.00元